FORSCHUNGSBERICHTE DES LANDES NORDRHEIN-WESTFALEN
Nr. 2418

Herausgegeben im Auftrage des Ministerpräsidenten Heinz Kühn
vom Minister für Wissenschaft und Forschung Johannes Rau

Prof. Dr. Reimar Pohlman
Dr.-Ing. Joachim Herbertz
Dipl.-Phys. Ulrich Stumpff

Laboratorium für Ultraschall
Rhein.-Westf. Techn. Hochschule Aachen

Entwicklung einer Meßtechnik zum integralen Messen der Energiedichte in stehenden Ultraschall-Wellenfeldern

Westdeutscher Verlag Opladen 1974

© 1974 by Westdeutscher Verlag GmbH, Opladen
Gesamtherstellung: Westdeutscher Verlag

ISBN-13: 978-3-531-02418-9   e-ISBN-13: 978-3-322-88279-0
DOI: 10.1007/978-3-322-88279-0

Inhaltsverzeichnis

		Seite
1.	Einleitung	2
2.	Untersuchungen an Einzelabsorbern	3
2.1	Meßprinzip	3
2.2	Herleitung einer zur absorbierten Energie proportionalen Größe aus den Nachhallzeiten	3
2.3	Versuchsaufbau	6
2.4	Herleitung der Korrekturkurve	9
2.5	Herstellung der Absorber	13
2.6	Durchgeführte Meßprogramme	15
2.7	Ausführung der Messungen	16
2.8	Fehlerbetrachtung	17
2.9	Diskussion der Ergebnisse an Einzelabsorbern	19
3.	Untersuchungen an Integralsonden	23
3.1	Die Integralsonde	23
3.2	Absorberauswahl	23
3.3	Die Leistungsbilanz an Integralsonden	24
3.4	Versuchsaufbau	27
3.5	Durchgeführte Meßprogramme	28
3.6	Ausführung der Messungen	30
3.7	Meßergebnisse	32
4.	Zusammenfassung	35
5.	Literaturverzeichnis	36
6.	Abbildungen	37
7.	Verzeichnis der verwendeten Formelzeichen	52

1. Einleitung

Die Erwärmung von Kunststoffen durch Ultraschallenergie im 20 kHz-Bereich hat in jüngster Zeit auf zweierlei Weise Anwendung gefunden, bei der Verarbeitung von Kunststoffen und bei der Ausmessung von Schallfel-ern durch Integralsonden [1]. In beiden Fällen wird die Umwandlung von Schallenergie in Wärme ausgenutzt, die durch den Erhaltungssatz

$$\text{div } \vec{J} + Q = 0 \qquad (1)$$

$\vec{J}$: Energiestromdichtevektor
Q : Wärmeleistung/Volumeneinheit

beschrieben wird. Die vorliegende Arbeit untersucht die Dissipation von Ultraschallwellen in kugelförmigen Absorbern, deren Abmessungen klein zur Wellenlänge sind. Absorber dieser Art werden in den Integralsonden zur Messung der Energiedichte in Flüssigkeiten eingesetzt.

Die durchgeführten Messungen sollen darüber Aufschluß geben, wieweit die absorbierte Energie von den Eigenschaften, der Vorgeschichte und den Einsatzbedingungen der Absorber abhängt.

Durch diese Untersuchungen werden die benötigten experimentellen Grundlagen für die Ultraschall-Meßtechnik gewonnen.

2. Untersuchungen an Einzelabsorbern

2.1 Meßprinzip

Der geplante Einsatz der Absorberkugeln - die Ausmessung von Schallfeldern in Flüssigkeiten - legt es nahe, ihre Dissipation mit einem abgewandelten Nachhallverfahren zu bestimmen.

Die Messung des Nachhalls in Räumen gehört zu den klassischen Methoden der Akustik, um die Absorption der Raumwände zu bestimmen [2]. Abwandlungen dieses Verfahrens dienen zur Festlegung des Absorptionskoeffizienten von Schallwellen in Flüssigkeiten und Lösungen [3]:
Die in einem Gefäß eingeschlossene Flüssigkeit wird zu Resonanzschwingungen angeregt. Aus der Abnahmegeschwindigkeit des Schallpegels nach Abschalten der Schallquelle kann der Absorptionskoeffizient berechnet werden. Das Abklingen erfolgt nach einem Exponentialgesetz, die kennzeichnende Größe dieses Vorganges ist die Nachhallzeit. Sie gibt die Dauer für den Abfall der Schalldruckamplitude auf einen bestimmten Wert, z.B. 1/e an.

Werden in die Nachhallflüssigkeit zusätzlich absorbierende Körper eingebracht, so wird die Nachhallzeit kürzer. Die Änderung der Nachhallzeit ist ein Maß für das Dissipationsvermögen des eingetauchten Absorbers. Einflüsse der Grenzfläche Absorber / Flüssigkeit, die von der Eintauchzeit oder der Behandlung der Absorberoberfläche abhängen können, werden ebenfalls mit diesem Verfahren nachgewiesen.

2.2 Herleitung einer zur absorbierten Energie proportionalen Größe aus den Nachhallzeiten

Um das Dissipationsvermögen verschiedener Absorber zu beurteilen, reicht die Angabe der Differenz von Nachhallzeit ohne Absorber (t_o) und Nachhallzeit mit Absorber (t_m) nur dann aus, wenn die t_o-Zeiten für die betrachteten Absorber die gleichen sind. Da dies häufig wegen Veränderungen im Nachhallsystem nicht zutrifft, wird ein Ausdruck hergeleitet, der die Nachhallzeiten mit der absorbierten Energie verknüpft.

Unter der Voraussetzung, daß vom Nachhallgefäß keine Energie in die Umgebung abgestrahlt wird, lassen sich drei Ursachen für die Schallabsorption unterscheiden:

1. Schallabsorption durch die Flüssigkeit
2. Schallabsorption durch die Behälterwände
3. Schallabsorption durch die Kunststoffabsorber.

Die entsprechenden Dissipationsenergien in der Zeit dt nach dem Abschalten der Schallquelle seien dE_1, dE_2, dE_3. Es wird für das Abklingen der bekannte Ansatz gemacht:

$$dE_1 = -\kappa_1 E\, dt$$
$$dE_2 = -\kappa_2 E\, dt \qquad (2)$$
$$dE_3 = -\kappa_3 E\, dt$$

κ_1, κ_2, κ_3 Proportionalitätsfaktoren.

Bei den auf der rechten Seite von Gl. (2) stehenden Energien E wurden die Indices weggelassen. Wegen der Kopplung Flüssigkeit-behälter und Flüssigkeit-Absorber sind diese Energien zueinander proportional. Die entsprechenden Faktoren sind bei der obigen Schreibweise bereits in κ_1, κ_2, κ_3 enthalten.

Für die Gesamtenergieabnahme folgt:

$$dE = dE_1 + dE_2 + dE_3 = -[\kappa_1 + \kappa_2 + \kappa_3]E\, dt$$

und

$$E = E_o\, e^{-(\kappa_1 + \kappa_2 + \kappa_3)\, t}. \qquad (3)$$

Da die piezoelektrische Sonde die Schalldruckamplitude mißt, wird in Gl.(3) die Energie E durch Schalldruckamplitude P ersetzt. Aus den Gleichungen

$$E = \frac{1}{2} \rho\, \omega^2 A^2 \cdot V$$

und

$$p = \rho\, c\, \omega\, A$$

folgt:
$$p^2 = 2 \frac{\rho c^2}{V} E$$

Damit liefert die Gl. (3):

$$\frac{p^2}{p_o^2} = e^{-[\kappa_1 + \kappa_2 + \kappa_3] \cdot t} \qquad (4)$$

p_o Schalldruckamplitude zur Energie E_o.

Bei raumakustischen Nachhalluntersuchungen wird oft ein Rückgang des Schallpegels um 60 dB für die Bestimmung der Nachhallzeit benutzt. Bei den folgenden Messungen wurde wegen des geringen Dynamikbereiches der Meßgeräte ein Rückgang auf 1/9 der Energiedichte zugrundegelegt.

Die Messungen ohne Absorber ($\kappa_3 = 0$) liefern aus Beziehung (4) für einen Rückgang des Drucks auf 1/3:

$$\frac{1}{9} = e^{-(\kappa_1 + \kappa_2) t_o} \qquad \frac{\ln 9}{t_o} = \kappa_1 + \kappa_2.$$

Mit Absorber folgt entsprechend:

$$\frac{\ln 9}{t_m} = \kappa_1 + \kappa_2 + \kappa_3. \qquad (5)$$

Da κ_2 (bedingt durch Absorption der Behälterwände) im Verhältnis zu κ_1 (bedingt durch Absorption in der Flüssigkeit) eine geringe Rolle spielt, läßt sich κ_2 bei den folgenden Betrachtungen gegen κ_1 vernachlässigen.

Die Größe κ_3 ist proportional zur im Absorber dissipierten Energie. Für sie gilt nach Gl. (5)

$$\kappa_3 = \ln 9 \left(\frac{1}{t_m} - \frac{1}{t_o} \right)$$

Wie eine einfache Überlegung zeigt, hängt die so gewonnene Größe κ_3 von den Volumina der Flüssigkeit und des Absorbers ab. Ist z.B. das Volumen der Nachhallflüssigkeit klein, so wird der Absorber die ihm von der Flüssigkeit angebotene Energie in kurzer Zeit dissipiert haben. Bei einem großen Flüssigkeitsvolumen hingegen dauert dieser Vorgang entsprechend länger. Ein kleines Absorbervolumen wird den Rückgang der Schalldruckamplitude ebenfalls verzögern.

Um aus κ_3 eine Größe zu erhalten, die von diesen speziellen Versuchsparametern unabhängig ist, muß zunächst berücksichtigt werden, daß bei hinreichend kleinen Abmessungen des Absorbers, dieser hydrostatisch komprimiert wird und deshalb die absorbierte Energie proportional zum Absorbervolumen V_A ist. Diese Bedingung ist bei den nachfolgenden Messungen erfüllt.

Da das Flüssigkeitsvolumen V_F groß gegen das Volumen V_A des Absorbers ist, ist in guter Näherung die vom Absorber zu absorbierende Energie dem Flüssigkeitsvolumen V_F proportional, wenn die Nachhallzeiten groß gegen die Laufzeiten im Nachhallvolumen sind. Daraus folgt, daß κ_3 reziprok zum Flüssigkeitsvolumen ist. Die Verknüpfung der beiden Abhängigkeiten ergibt, daß $\kappa_3 \sim V_A/V_F$ ist.

Zum Vergleich verschiedener Messungen ist es deshalb zweckmässig, κ_3 mit dem Volumenverhältnis V_F/V_A zu multiplizieren, um eine Größe zu erhalten, die die gemessenen Zeiten direkt mit den Materialkonstanten des absorbierenden Stoffes verknüpft:

$$\kappa_3' = (\ln 9) \cdot \left(\frac{1}{t_m} - \frac{1}{t_o} \right) \cdot \frac{V_F}{V_A} \qquad (6)$$

2.3 Versuchsaufbau

Abb. 1 zeigt die Versuchsanordnung. Auf einen Rauschgenerator folgt ein Filter, das aus dem Rauschspektrum den interessierenden Bereich von 20 bis 30 kHz selektiert. Der Verstärker V1 hebt das Signal auf 5 V_{eff} an, über einen elektronischen Schalter gelangt die Sendespannung zu einem piezokeramischen Wandler, welcher die Nachhallflüssigkeit beschallt. Wegen seiner geringen Dämpfung wird ein Polyäthylenbeutel als Nachhallgefäß verwandt. Als Flüssigkeit dient destilliertes, durch mehrfaches Erhitzen entgastes Wasser. In die Flüssigkeit können die Absorber eingetaucht werden. Eine Empfangssonde überträgt den Schalldruckpegel zum Verstärker V2. Von dort wird das um 15 dB angehobene Signal einem Gleichrichter mit nachgeschaltetem Tiefpaß zugeführt. Seine Ausgangsspannung gelangt zu einem Speicheroszillografen. Zur Aufzeichnung des abklingenden Schallpegels öffnet man den elektronischen Schalter; dadurch wird während einer vorwählbaren Zeitspanne die Nachhallflüssigkeit beschallt. Beim Sperren liefert der Schalter einen Triggerimpuls zum Oszillografen, der im Speicherverfahren den abklingenden Pegel gegen die Zeit schreibt. Aus dem Schirmbild kann die Dauer für einen bestimmten Abfall der Schalldruckamplitude entnommen werden.

Die Beschallung mit dem erwähnten Rauschspektrum liefert ein diffuses Schallfeld. Versuche mit monofrequenter Beschallung zeigten ausgeprägte Resonanzen im Nachhallgefäß, die durch das Einbringen der Absorber gestört wurden. Es waren keine reproduzierbaren Messungen möglich.

Bevor die Empfangsspannung zum Kathodenstrahloszillografen gelangt, werden die in bezug auf die Nachhallzeit schnellen Amplitudenschwankungen des Rauschsignals durch Gleichrichten und Glätten im Tiefpaß unterdrückt. Das R-C-Glied des Tiefpaßfilters führt allerdings aufgrund der ihm eigenen Zeitkonstanten zu einer Verlängerung der vom Nachhallsystem herzurührenden Abklingzeit. Abb. 2 zeigt die Anordnung des Filters und den Verlauf seiner Eingangsspannung, der Ausgangsspannung des Gleichrichters.

Während der Beschallung lädt sich der Kondensator C_1 auf den Bruchteil $R_1/(R_1+R_2)$ von U_i auf. Die folgende Entladung verlängert die Abklingzeit von U_a gegenüber U_i. Diese Zunahme soll bestimmt werden.

Knoten- und Maschenregel ergeben mit den Bezeichnungen von Abb. 2:

$$I_2 = I_1 + I_3 \tag{7}$$

$$U_i = U_2 + U_1 \tag{8}$$

$$U_3 = U_1 \tag{9}$$

Weiter gilt:

$$U_1 = I_1 R_1 \tag{10}$$

Aus den Gln. (7), (10) folgt:

$$U_1 = R_1(I_2 - I_3)$$

und

$$d U_1 = R_1 (d I_2 - d I_3) \tag{11}$$

Für $d(I_2)$ folgt aus $I_2 = \frac{U_2}{R_2}$ und (8):

$$dI_2 = \frac{1}{R_2} (dU_i - dU_1). \tag{12}$$

Für dI_3 ergibt sich aus $I_3 = \frac{dQ_{C1}}{dt} = C_1 \frac{dU_3}{dt}$ und (9):

$$dI_3 = C_1 \frac{d^2 U_3}{dt^2} dt. \tag{13}$$

Die Zusammenfassung der Gln. (11), (12), (13) liefert:

$$\frac{d^2 U_1}{dt^2} + \frac{dU_1}{dt} - \frac{1}{C_1}(\frac{1}{R_1} + \frac{1}{R_2}) - \frac{1}{C_1 R_2} \frac{dU_1}{dt} = 0. \tag{14}$$

Aus dieser Differentialgleichung kann der zeitliche Verlauf der Ausgangsspannung ($U_a = U_1$) des Tiefpasses bestimmt werden. Die Lösung lautet:

$$U_a(t) = \begin{cases} U_1(0) \dfrac{\beta_1 e^{-\alpha t} - \alpha e^{-\beta_1 t}}{\beta_1 - \alpha} & \text{für } t \geq 0 \quad (15) \\ U_1(0) & \text{für } t > 0 \quad (16) \end{cases}$$

mit

$$\beta_1 = \frac{1}{C_1}\left(\frac{1}{R_1} + \frac{1}{R_2}\right). \tag{17}$$

Diese Beziehung wird im folgenden Abschnitt 2.4 hergeleitet.

Wie man Abb. 2 entnimmt, gibt der Kehrwert von β_1 die Zeitkonstante des Tiefpaßfilters an, da der Ausgangswiderstand des Gleichrichters gegenüber R_2 zu vernachlässigen ist. Der gleiche Ausdruck der Zeitkonstanten folgt auch aus Gl. (15) für $\alpha \to \infty$, d.h., ohne Nachhall durch die Flüssigkeit. Experimentell wurde β_1 zu 0,0915 msec^{-1} bestimmt. Mit diesem β_1 Wert wurde die in Abb. 3 enthaltene Korrekturkurve aus Gl. (15) und der Gleichung der Eingangsspannung des Tiefpasses $U_1 = u_1(0)\, e^{-\alpha t}$ berechnet. Diese Kurve gibt diejenigen Zeiten Δt an, die von den gemessenen Nachhallzeiten abzuziehen sind, um die "wahren" Zeiten des Nachhallsystems zu erhalten.

Um Messungen bei höherer Temperatur (bis 70 °C) durchzuführen, wurde die Nachhallflüssigkeit zunächst auf 90 °C erhitzt. Diese Temperatur muß über mehrere Stunden beibehalten werden, um in der anschließenden Abkühlphase genügend lange Nachhallzeiten zu bekommen. In dieser Abkühlphase wurden die Messungen mit und ohne Absorber bei den Temperaturen 70, 60, 50, 40, 30 °C ausgeführt.

Alle gemessenen Nachhallzeiten beziehen sich auf einen Rückgang der Schalldruckamplitude auf 1/3 ihres ursprünglichen Wertes.

2.4 Herleitung der Korrekturkurve

Lösung der Differentialgleichung (14).
Zur Abkürzung wird geschrieben:

$$\ddot{U}_1 + \dot{U}_1 \beta_1 - \beta_2 \dot{U}_i = 0 \tag{18}$$

Für U_i gilt:

$$U_i = \begin{cases} U_o & -\infty < t \leq 0 \\ U_o\, e^{-\alpha t} & 0 < t < \infty \end{cases} \qquad (19)$$

($U_o\, e^{-\alpha t}$ beschreibt das Abnehmen der Schalldruckamplitude im Nachhallgefäß.
Da U_i im Nullpunkt eine Unstetigkeitsstelle hat, wird zur Lösung von (18) die Fouriertransformation benutzt. Da die Fouriertransformation sich nur auf Funktionen anwenden läßt, die im Bereich $(-\infty, \infty)$ absolut integrierbar sind, wird U_i ersetzt durch:

$$U_i = \begin{cases} U_o\, e^{\alpha_1 t} & -\infty < t \leq 0 \\ U_o\, e^{\alpha t} & 0 \leq t < \infty \end{cases} \qquad (20)$$

Im Grenzwert $\lim_{\alpha_1 \to 0} U_i$ geht (20) in (19) über.

Das Fourierintegral von U_i lautet:

$$U_i = \int_{-\infty}^{\infty} \tilde{U}_i(\omega)\, e^{-i\omega t}\, d\omega \qquad (21)$$

mit der Fouriertransformierten

$$\tilde{U}_i(\omega) = \frac{1}{2\pi} \int_{-\infty}^{+\infty} U_i(t)\, e^{i\omega t}\, dt \qquad (22)$$

Entsprechend gilt für die gesuchte Spannung U_{R_1}:

$$U_1(t) = \int_{-\infty}^{\infty} \tilde{U}_1(\omega)\, e^{i\omega t}\, dt; \quad \tilde{U}_1(\omega) = \frac{1}{2\pi} \int_{-\infty}^{+\infty} U_1(t)\, e^{i\omega t}. \qquad (23)$$

Aus (21), (23) folgt:

$$\dot{U}_i = \int_{-\infty}^{+\infty} \tilde{U}_i(\omega)(-i\omega)e^{-i\omega t}\,d\omega$$

$$\dot{U}_1 = \int_{-\infty}^{+\infty} \tilde{U}_1(\omega)(-i\omega)e^{-i\omega t}\,d\omega;\quad \ddot{U}_1 = \int_{-\infty}^{+\infty} \tilde{U}_1(\omega)(-\omega^2)e^{-i\omega t}\,d\omega.$$

Einsetzen in (18) liefert

$$\tilde{U}_1(\omega)\,\omega + i\beta_1 \tilde{U}_1(\omega) - i\beta_2 \tilde{U}_i(\omega) = 0$$

$$\tilde{U}_1(\omega) = \beta_2 \frac{\tilde{U}_i(\omega)}{\beta_1 - i\omega}$$

(24)

(20), (22) ergeben für $\tilde{U}_i(\omega)$:

$$\tilde{U}_i(\omega) = \frac{1}{2\pi}\left[\int_{-\infty}^{0} U_o e^{\alpha_1 t}\,e^{i\omega t}\,dt + \int_{0}^{\infty} U_o e^{-\alpha t}\,e^{i\omega t}\,dt\right]$$

$$\tilde{U}_i(\omega) = \frac{1}{2\pi}\left[U_o \frac{e^{(\alpha_1 + i\omega)t}}{\alpha_1 + i\omega}\bigg|_{-\infty}^{0} + U_o \frac{e^{(-\alpha + i\omega)t}}{-\alpha + i\omega}\bigg|_{0}^{\infty}\right]$$

$$\tilde{U}_i(\omega) = \frac{U_o}{2\pi}\left[\frac{1}{\alpha_1 + i} + \frac{1}{\alpha - i\omega}\right].$$

Mit (24) folgt:

$$\tilde{U}_1(\omega) = \frac{\beta_2}{2\pi}\frac{1}{K_1 - i\omega}\left[\frac{1}{\alpha_1 + i\omega} + \frac{1}{\alpha - i\omega}\right] \qquad (25)$$

Die Rücktransformation ergibt mit (23), (25):

$$U_1(t) \int_{-\infty}^{+\infty} \frac{\beta_2 U_0}{2\pi} \frac{1}{\beta_1 - i\omega} \left[\frac{1}{\alpha_1 + i\omega} + \frac{1}{\alpha - i\omega}\right] e^{i\omega t} \, d\omega.$$

Die Lösung des Integrals für $t>0$ ist durch die $-2\pi i$ -fache Summe der Residuen zu den Polen des Integranden auf und unterhalb (oberhalb) der reellen ω-Achse gegeben.

$$U_1 = \int_{-\infty}^{+\infty} \frac{\beta_2 U_0}{2\pi} \frac{1}{i\beta_1 + \omega} \left[\frac{1}{i\alpha_1 - \omega} + \frac{1}{i\alpha + \omega}\right] e^{-i\omega t} \, d\omega$$

Pole
$$\omega + i\beta_1 = 0 \qquad \omega = -i\beta_1$$
$$\omega - i\alpha_1 = 0 \qquad \omega = i\alpha_1$$
$$\omega + i\alpha = 0 \qquad \omega = -i\alpha$$

$$\text{Res}(\omega = -i\beta_1) = - \left[\frac{1}{i\alpha_1 + \beta_1} + \frac{1}{i\alpha - \beta_1}\right] e^{-\beta_1 t} \frac{\beta_2 U_0}{2\pi}$$

$$\text{Res}(\omega = i\alpha_1) = \frac{(-1)}{i\beta_1 + i\alpha_1} (-1) e^{\alpha_1 t} \frac{\beta_2 U_0}{2\pi}$$

$$\text{Res}(\omega = -i\alpha) = \frac{(-1)}{i\beta_1 - i\alpha} (1) e^{-\alpha t} \frac{\beta_2 U_0}{2\pi}$$

$$U_1(t) = U_0 \beta_2 \left(\left[\frac{1}{\alpha_1 - \beta_1} + \frac{1}{\alpha - \beta_1}\right] e^{-\beta_1 t} + \frac{1}{\beta_1 - \alpha} e^{-\alpha t}\right)$$

$(t \geq 0)$

$$U_1(t) = U_0 \beta_2 \frac{1}{\beta_1 + \alpha_1} e^{\alpha_1 t}$$

$(t \geq 0)$

Bildet man $\lim_{\alpha_1 \to 0} U_1(t)$ und berücksichtigt, daß

$\frac{\beta_2}{\beta_1} U_0 = \frac{R_1}{R_1+R_2} U_0 = U_1(0)$ ist, so folgt:

$$U_1 = \frac{U_1(0) \beta_1 e^{-\alpha t} - \alpha e^{-\beta_1 t}}{\beta_1 - \alpha} \quad \text{für } t \geq 0 \quad (26)$$

$$U_1 = U_1(0) \quad \text{für } t \leq 0 \quad (27)$$

Aus Gl. (26) läßt sich t als Funktion von β_1 und α numerisch bestimmen.

2.5 Herstellung der Absorber

Für die Messungen wurden Absorber aus Plexiglas (Polymethylmethacrylat), Luvican (Polyvinylcarbazol) und Teflon (Polytetrafluoräthylen) verwandt. Aus den beiden ersten Materialien konnten poröse Absorber hergestellt werden. Dazu wurde das Granulat gelöst und die Lösung auf das Ende der Absorberhalterung aufgetragen, die aus dünnem Kupferdraht bestand. Beim Verfestigen bildete das verdunstende Lösungsmittel einen Bläschenschleier im Absorber. Die Porosität konnte durch unterschiedliche Verfestigungstemperatur und Änderung der Konzentration der Lösung beeinflußt werden. Aus dem nicht löslichen Teflon konnten nur massive Absorber angefertigt werden. Zum Vergleich wurden ebenfalls massive Plexiglasabsorber gemessen. Da Luvican nur als Granulat vorlag, war es nicht möglich, auch hieraus massive Absorber herzustellen. In Tabelle 1 sind die Absorber mit ihren Daten aufgeführt. Die Dichte ρ ist ein Maß für die Porosität.

Tabelle 1: Daten der Absorber

Absorber	Volumen [cm^3]	Dichte [g/cm^3]
Nr. 1	V = 0,76	ρ = 1,08
Nr. 2	V = 0,91	ρ = 1,05
Nr. 3	V = 0,44	ρ = 0,98
Nr. 4	V = 0,51	ρ = 0,98
Nr. 5	V = 0,39	ρ = 0,98
Nr. 6	V = 0,40	ρ = 0,88
Nr. 7	V = 0,24	ρ = 1,00
Nr. 8	V = 0,31	ρ = 1,20
Nr. 9	V = 0,99	ρ = 1,20
Nr. 10	V = 0,54	ρ = 0,58
Nr. 11	V = 0,44	ρ = 0,885
Nr. 12	V = 0,75	ρ = 0,96
Nr. 13	V = 0,95	ρ = 1,185
Nr. 14	V = 0,53	ρ = 1,095
Nr. 15	V = 0,61	ρ = 1,00
Nr. 16	V = 0,62	ρ = 1,065
Nr. 17	V = 0,65	ρ = 0,40
Nr. 18	V = 0,61	ρ = 0,695
Nr. 19	V = 0,59	ρ = 1,09
Nr. 20	V = 1,73	ρ = 2,21
Nr. 21	V = 0,26	ρ = 2,22
Nr. 22	V = 0,78	ρ = 2,22

Die Absorber Nr. 1 bis Nr. 13 sind aus Plexiglas, davon Nr. 8 und Nr. 9 massiv, die übrigen porös. Nr. 14 bis Nr. 19 sind aus geschäumtem Luvican und die restlichen aus Teflon.

2.6 Durchgeführte Meßprogramme

Die in der Tabelle enthaltenen Absorber lassen sich an Hand der mit ihnen durchgeführten Messungen unterteilen. Mit den Absorbern 1 bis 9 sollte überprüft werden, inwieweit ihre Dissipation von Eintauchzeit und Porosität abhängig ist. Der erste Punkt interessiert besonders für die Anwendung von Integralsonden. Mit den erwähnten Absorbern wurden die folgenden Meßprogramme durchgeführt.

1. Absorption durch trocken eingetauchte Absorber.
   Es wurden die Nachhallzeiten gleich nach dem Eintauchen bestimmt. Anschließend erfolgte eine Wiederholung der Messung 15, 30 und 150 Minuten nach dem Eintauchen. Zwischen den Messungen blieben die Absorber in der Nachhallflüssigkeit.

2. Absorption durch gewässerte Absorber.
   a) Vor der zweiten Versuchsreihe wurden die Absorber 72 Stunden gewässert. Dann erfolgte die Messung wie unter 3.

   b) Bei der dritten Meßserie wurde die Zeit zum Messen aller 12 Absorber auf 150 Minuten begrenzt, um Fehler, die aus Veränderungen der Versuchsapparatur resultieren, gering zu halten.
   Die Messungen erfolgten jeweils zu Beginn und Ende einer 15-minütigen Eintauchzeit.

3. Absorption durch benetzte Absorber.
   Vor den Messungen des vierten Programms lagen die Absorber eine Stunde in einem Benetzungsmittel. Die Zeitpunkte der Messungen waren die gleichen wie bei der dritten Versuchsreihe bis auf einen eingeschobenen Wert nach 10-minütiger Eintauchdauer.

Diese Messungen haben gezeigt, daß poröse Absorber ein wesentlich höheres Absorptionsvermögen aufweisen als massive. Deshalb wurden weitere Absorber mit stärkerer Streuung der Porosität aus Plexiglas und Luvican untersucht (Nr. 10 bis Nr. 19, Tab. 1).

Da Aufheizversuche - durchgeführt im Laboratorium für Ultraschall RWTH Aachen - mit Leistungsschall eine hohe Absorption in Teflon ergeben hatten, wurden auch Absorber aus diesem Kunststoff untersucht (Nr. 20, 21, 22, Tab. 1).

Der Schallabsorptionskoeffizient vieler Materialien ist eine temperaturabhängige Größe. Es wurde daher ebenfalls die Dissipation bei höherer Temperatur (bis 70 °C) der Nachhallflüssigkeit bestimmt.

Im einzelnen wurden mit den Absorbern Nr. 10 bis Nr. 22 die folgenden Messungen durchgeführt:

1. Absorption durch trocken eingetauchte Absorber.
   Die Messung erfolgte wie unter Punkt 1, Seite 15. Lediglich die Meßzeiten wurden geändert: 0, 5, 15, 30, 60 Minuten nach dem Eintauchen.

2. Absorption durch gewässerte Absorber.
   Hier wurden die Messungen wie unter Punkt 2, Seite 15, durchgeführt. Meßzeitpunkte: 0, 5 Minuten nach dem Eintauchen.

3. Absorption durch benetzte Absorber.
   Die Messungen verliefen entsprechend Punkt 3, Seite 15. Meßzeiten: 0, 5 Minuten nach dem Eintauchen.

4. Absorption bei höheren Temperaturen.
   Es wurden bei den Temperaturwerten 70, 60, 50, 40, 30 °C die Nachhallzeiten mit den benetzten Absorbern Nr. 10, 11, 12, 13 (Plexiglas), Nr. 15, 16, 17 (Luvican), Nr. 20, 22 (Teflon) bestimmt.

2.7 Ausführung der Messungen

Jede der in den Abb. 4 - 9 zugrundegelegten Nachhallzeiten ist das Mittel aus 10 Einzelmessungen. Die bei Umgebungstemperatur durchgeführten Messungen lassen sich in drei Teile gliedern:

1. Vor jeder in den Versuchsprogrammen angegebenen Meßserie erfolgte die Aufnahme von 2 mal 10 Meßwerten ohne Absorber (t_{o_1}, t_{o_2}).

2. Aufnahme von 10 Meßwerten mit Absorber (t_m) zu den angegebenen Zeitpunkten.

3. Entfernen des Absorbers und Messung wie unter Punkt 1. (t_{o_3}, t_{o_4})

Bei den höheren Temperaturwerten geschah die Messung der Nachhallzeiten während der Abkühlphase der Flüssigkeit. Da bei der Abkühlung die Nachhallzeiten großen Schwankungen unterlagen, war es nötig, zu jeder Meßtemperatur neben der Zeit mit Absorber auch die ohne zu bestimmen. Sie wurde im Anschluß an die t_m-Messung aufgenommen. Danach stand dem Absorber bis zum Erreichen der nächsten Meßtemperatur genügend Zeit zur Verfügung, um die Temperatur der Flüssigkeit anzunehmen. Die aus den nach Abb. 3 korrigierten Nachhallzeiten gemäß Gl. (6) gewonnenen κ_3'-Werte sind in den Abb. 4 bis 9 zu den einzelnen Versuchsreihen aufgetragen.

2.8 Fehlerbetrachtung

Die Nachhallzeiten ohne Absorber unterliegen zweierlei Fehlerquellen: Statistischen Schwankungen und kontinuierlich ablaufenden Veränderungen (z.B. Zunahme des Gasgehaltes in der Meßflüssigkeit). Bei den Messungen mit Absorber kann die Nachhallzeit auch noch von seiner Eintauchstelle abhängen. Zum Vergleich der Dissipation verschiedener Absorber ist die Kenntnis dieser Abhängigkeit notwendig, da beim Eintauchen des Absorbers der vorgesehene Meßwert nur mit einer bestimmten Unsicherheit getroffen wird. Es wurden deshalb an 17 verschiedenen Orten innerhalb eines Würfels mit der Kantenlänge 2 cm die Nachhallzeiten eines Absorbers aufgenommen. Aus diesen Messungen folgt ein mittlerer Fehler von 5 %. Der hierbei verwandte Absorber war zuvor zwei Wochen gewässert worden, um Veränderungen während des Meßvorganges durch die Flüssigkeit auszuschließen. Bei allen Absorbern wurde darauf geachtet, daß ihre Eintauchstelle innerhalb des angegebenen Würfelgebietes lag.

Der Ausdruck (6) für die im Absorber dissipierte Energie enthält ebenfalls die Nachhallzeiten bei nicht eingetauchten Absorbern. Diese t_o-Zeiten sind mit einem mittleren Fehler von 2,5 % behaftet. Sein Wert ist kleiner als der mit Absorber (5 %), da im letzteren zusätzlich die Abhängigkeit vom Meßwert enthalten ist.

Die Fehlerfortpflanzung ergibt mit Gl. (6) einen Höchstwert von κ_3':

$$\kappa_3'_{max} = \ln 9 \left\{ \frac{1}{V_m(1-5\%)} - \frac{1}{t_o(1+2,5\%)} \right\} \frac{V_F}{V_A} \qquad (28)$$

$$\kappa_3'_{max} = \ln 9 \left\{ \frac{1+0,05}{t_m} - \frac{1-0,025}{t_o} \right\} \frac{V_F}{V_A} \qquad (29)$$

Entsprechend erhält man für den Minimalwert:

$$\kappa_3'_{min} = \ln 9 \left\{ \frac{1-0,05}{t_m} - \frac{1+0,025}{t_o} \right\} \frac{V_F}{V_A} \qquad (30)$$

Die Differenz von $\kappa_3'_{max}$ und $\kappa_3'_{min}$ zu κ_3' beträgt in beiden Fällen

$$\Delta\kappa_3' = \ln 9 \left\{ \frac{0,05}{t_m} + \frac{0,025}{t_o} \right\} \frac{V_F}{V_A} \qquad (31)$$

Für den relativen Fehler folgt:

$$\frac{\Delta\kappa_3'}{\kappa_3'} = \frac{0,05 \, t_o + 0,025 \, t_m}{t_o - t_m} \qquad (32)$$

Der Fehler hängt von t_o, t_m ab. Für t_o-t_m gegen 0 wächst er über alle Grenzen.

2.9 Diskussion der Ergebnisse an Einzelabsorbern

Die grafische Darstellung der zur absorbierten Energie proportionalen κ_3'-Werte in den Abb. 4, 5, 6, 7 zeigt eine hohe Anfangsabsorption der trocken eingetauchten Absorber, besonders auffällig bei Nr. 22, 6, 8, 5, 9. Da nach dem Wässern der Absorber keine Gewichtsänderung festzustellen war, kann der Rückgang der Anfangsabsorption nicht durch eindringendes Wasser verursacht worden sein. Es ist anzunehmen, daß diese Absorption durch die Grenzschicht Absorber-Flüssigkeit hervorgerufen wird.

Bei der Ausbreitung von Leistungsschall fanden überraschende Ergebnisse von Reflexion und Übertragung ihre Erklärung in der an der untersuchten Oberfläche haftenden mikroskopischen Gasschicht [1]. Es ist zu folgern, daß eine solche Gasschicht auch für die zusätzliche Anfangsabsorption verantwortlich ist. Zur Kontrolle wurden Messingbleche (einige cm^2 groß) mit dem gleichen Nachhallverfahren untersucht. Sie zeigten ebenfalls eine anfängliche Absorption, die nach ungefähr 30 Minuten völlig verschwand.

Werden die trockenen Absorber in die Nachhallflüssigkeit eingetaucht, so stellt sich erst nach entsprechender Zeit der neue Gleichgewichtszustand - ohne Gasschicht - ein.

Nimmt man an, daß die Abnahmegeschwindigkeit dieser Gaseinschlüsse proportional zu ihrer gerade vorhandenen Menge ist, dann wird die Abnahme durch ein Exponentialgesetz beschrieben.

Entsprechend gilt für die Absorption:

$$\kappa_3 = G_1 \cdot e^{-\gamma t} + G_2 \tag{33}$$

wobei t die Zeit nach dem Eintauchen angibt und G_2 den Wert für fehlende Gaseinschlüsse. (Es wurden in Gl. (33) nicht die auf das Volumen bezogenen κ_3'-Werte gesetzt, da eine Oberflächenabsorption durch die Umrechnung der Gesamtabsorption auf volumenbezogene Werte wegen des nicht linearen Zusammenhanges zwischen Kugeloberfläche und Volumen nur ungenau wiedergegeben wird).

Aus der logarithmischen Auftragung zu Gl. (33):

$$\ln (\kappa_3 - G_2) = -\gamma \cdot t + \ln G_1 \tag{34}$$

folgt γ als negative Geradensteigung. In Abb. 10 ist diese Darstellung für die Absorber Nr. 2, 3, 5, 6, 7, 8, 9 gewählt. Für G_2 wurde der Wert κ_3 (t = 150 min) genommen. Aus den eingetragenen Geraden läßt sich γ abschätzen: $\gamma = 0{,}06$ min^{-1}. D.h., nach etwa 17 min ist die zusätzliche Absorption auf 1/e zurückgegangen.

Bei den Auftragungen von κ_3' gegen die Eintauchzeit t fallen die Sprünge der κ_3-Werte beim Übergang einer Meßreihe zur nächsten auf. Einen Verlauf, wie er bei Absorber Nr. 3 vorliegt, hatte man erwartet: Vom Endpunkt der ersten Meßreihe eine innerhalb der Fehlergrenzen konstante oder monoton abnehmenden Lage von κ_3'. Die Differenzen von κ_3' an den Übergangsstellen lassen sich durch Veränderungen am Nachhallsystem erklären. Die Meßflüssigkeit mußte wegen Verdunsten und zunehmendem Gasgehalt erneuert werden. Auch war ein Auswechseln des Nachhallbeutels mehrmals notwendig.

Für einen Vergleich des Dissipationsvermögens sind deshalb nur die dritte oder vierte Versuchsreihe bei den Absorbern Nr. 1 bis Nr. 9 bzw. die zweite oder dritte bei den Absorbern Nr. 10 bis Nr. 22 zu verwenden, da aufgrund der kurzen Meßzeit weder die Flüssigkeit noch der Nachhallbehälter ersetzt werden brauchten. Es ergibt sich die nachstehende Rangfolge:

Absorber 1-9

Nr.	6	7	4	1	2	5	3	9	8
κ_3' [µs^{-1}]	0,95	0,95	0,65	0,4	0,4	0,25	0,2	0,15	0

Absorber 10-22

Nr.	17	12	11	10	15	19	18	14	21
κ_3' [µs^{-1}]	0,55	0,5	0,45	0,4	0,3	0,28	0,28	0,23	0,2

Nr.	20	13	22
κ_3' [µs^{-1}]	0,13	0,12	0,1

Es fällt auf, daß die geschäumten Absorber ein höheres Dissipationsvermögen besitzen. Die Zunahme beruht auf Scherungen, die bei diesen Absorbern auftreten, siehe Abb. 11. Die Scherbewegung ist ebenfalls verlustbehaftet und verursacht die zusätzliche Dissipation in den porösen Absorbern.

Ein Vergleich mit den Daten aus Tab. 1, Seite 14 ergibt, daß die κ_3'-Werte der verschiedenen Absorber nur unwesentlich von der Dichte ρ, die ein Maß für die Porösität ist, abhängen. Lediglich der Plexiglasabsorber Nr. 13, dessen Dichte mit 1,185 g/cm^3 nur wenig von der des massiven Plexiglases (1,2 g/cm^3) differiert, fällt mit seinem κ_3'-Wert gegenüber den Absorbern Nr. 10, 11, 12 ab, siehe Abb. 6 und 7. Bei den Absorbern aus Luvican fällt der Absorber mit der geringen Dichte, Nr. 17, ρ = 0,4 g/cm^3 durch ein höheres Dissipationsvermögen auf.

Bei den Messungen oberhalb Zimmertemperatur zerrissen häufiger die Nachhallbeutel und mußten ausgewechselt werden. Dadurch tritt eine zusätzliche Fehlerquelle auf, die einen Vergleich der Messungen verschiedener Absorber erschwert. Bei den Absorbern Nr. 14, 6, 8, 11 lagen die gemessenen Zeiten zu den beiden höchsten Temperaturen in der Nähe der aus Abb. 3 zu entnehmenden Korrekturzeiten, so daß beim Subtrahieren dieser Zeiten ein Meßfehler verstärkt auftritt. Die Ablesegenauigkeit auf dem Oszillografenschirm beträgt in dem für diese Zeiten verwandten Meßbereich etwa $\pm$ 0,3 ms, damit ergibt sich z.B. für den $\kappa_3(T=70°C)$-Wert für Absorber Nr. 13 ein Fehler von + 100 % und - 50 %. Es soll deshalb nur der qualitative Verlauf der Absorption in den Abb. 8 und 9 diskutiert werden.

Die Kurven zeigen, daß bei den massiven Absorbern die Dissipation mit der Temperatur steigt. Diese Zunahme läßt sich durch die Abhängigkeit des Schallabsorptionskoeffizienten von der Temperatur erklären. Bei den porösen Absorbern ergibt sich kein einheitliches Bild. Die Absorber 12 und 16 besitzen ein Maximum der Absorption bei 50 °C, das außerhalb der Fehlergrenzen liegt. Die anderen haben den Höchstwert bei 70 °C und fallen innerhalb der Fehlergrenzen mit der Temperatur ab, bis auf Absorber Nr. 10, der ein relatives Maximum bei 40 °C aufweist.

Aus den Versuchsergebnissen folgt, daß mit dem vorgestellten
Meßverfahren eine hohe Oberflächenabsorption der trocken eingetauchten Absorber und eine Überlegenheit im Dissipationsvermögen der porösen gegenüber den massiven Absorbern nachgewiesen
werden kann. Aufgrund der angegebenen Fehlerquellen läßt sich
nur grob der Temperaturverlauf der Dissipation abschätzen, die
bei den meisten Absorbern mit der Temperatur fällt.

Für die nähere Untersuchung dieser an Einzelabsorbern mit dem
Nachhallmeßverfahren nur schwer zu klärenden Zusammenhänge
wurden Untersuchungen an kompletten Integralsonden in Leistungs-
schallfeldern durchgeführt.

3. Untersuchungen an Integralsonden

3.1 Die Integralsonde

Die in Abb. 12 dargestellte Integralsonde [4] trägt 32 Schallabsorber, die räumlich so angeordnet sind, daß bei Frequenzen von 20 und 40 kHz auch in stehenden Ultraschallwellenfeldern die Gesamtabsorption der Schallabsorber nicht von der Lage und Orientierung der Integralsonde in bezug auf Wellenbäuche und -knoten abhängt. Die Absorberkörper enthalten Thermoelemente, die die absorptionsbedingte Temperaturerhöhung im Innern des Absorbers in bezug auf die Temperatur der umgebenden Flüssigkeiten in Thermospannungen umsetzen. Die Ausgangsspannung der Integralsonde ist die Summe aller Thermospannungen und daher proportional zur Gesamtabsorption.

3.2 Absorberauswahl

Als Absorberstoffe wurden zunächst Teflon und Phenolharzschaumstoff wegen ihrer guten Beständigkeit gegen chemische Lösungs- und Reinigungsmittel in Betracht gezogen. Versuche, Thermoelemente mit Absorberkugeln aus diesen Stoffen zu umhüllen, scheitern bei Teflonpulver bzw. -granulat am schwer kontrollierbaren Sinterprozeß und bei Phenolharzen an unreproduzierbaren Aufschäumergebnissen, die auf das sehr kleine Absorbervolumen von nur ca. 30 mm^3 zurückzuführen sind.

Im Gegensatz dazu konnten sowohl aus Luvican als aus Plexiglas reproduzierbare poröse Absorberkugeln mit guter Haftung an Thermoelementen hergestellt werden.

Bei den Versuchen mit Einzelabsorbern ergab Luvican nicht nur eine im Vergleich zu Plexiglas geringere Absorption sondern zeigte im Gegensatz zu Plexiglas deutliche Alterungserscheinungen, die schon bei Lagerung an Luft auftraten.

Für die Versuche an Integralsonden erfüllte somit nur Plexiglas die Forderungen nach reproduzierbarer Herstellbarkeit poröser Absorberkörper, möglichst hoher Absorption und hinreichender Alterungsbeständigkeit.

3.3 Die Leistungsbilanz an Integralsonden

Vernachlässigt man für eine überschlägige Betrachtung der in Integralsonden ablaufenden Energieumsetzungen und -transporte den Einfluß von Poren und eingebetteten Thermoelementen auf Wärmespeicherung und -leitung, so führt die Anwendung der in der Einleitung genannten Grundgleichung (1) auf einen homogen absorbierenden kugelförmigen Absorber zu der Differentialgleichung (35) für die Temperatur T(r) in Abhängigkeit vom Abstand r vom Kugelmittelpunkt. Hierbei ist λ die Wärmeleitzahl.

$$\frac{4}{3}\pi r^3 Q + 4\pi r^2 \lambda \frac{dT}{dr} = 0 \tag{35}$$

Betrachtet man T(r) als Übertemperatur gegenüber der Flüssigkeitstemperatur und setzt man wegen der großen konvektionsbedingten Wärmeleitfähigkeit von Flüssigkeiten im Vergleich zu Plexiglas an der Oberfläche der Absorberkugel mit Radius R die Übertemperatur T(R) = 0, so folgt aus Gl.(35) die Lösung (36) für T(r):

$$T(r) = \frac{Q}{6\lambda}(R^2 - r^2) \tag{36}$$

Der durch die Übertemperatur bedingte Energieinhalt E der Absorberkugel wird durch Gl.(37) ausgedrückt, in der ρ_p die Dichte und c_p die spezifische Wärme von Plexiglas ist.

$$E = \rho_p c_p \int_0^R T(r) \, 4\pi r^2 dr \tag{37}$$

Aus der Integration von Gl.(37) unter Berücksichtigung von Gl.(35) folgt für den zusätzlichen Energieinhalt:

$$E = \frac{\rho_p c_p R^2}{15\lambda} \cdot \frac{4}{3}\pi R^3 Q \tag{38}$$

Für die Absorptionsleistung W_A in der Absorberkugel folgt aus
Gl.(35):

$$W_A = \frac{4}{3}\pi R^3 Q \tag{39}$$

Die Zeitkonstante τ der Integralsonde ist ein Maß für die Trägheit, mit der die Übertemperatur in den Absorberkugeln und die damit verknüpfte thermoelektrische Ausgangsspannung zeitlichen Änderungen der Energiedichte E_d und der damit verknüpften Absorptionsleistung W_A folgt. Aus den Gl.(38) und (39) folgt für die Zeitkonstante τ Gl.(40)

$$\tau = \frac{\rho_p c_p R^2}{15 \lambda} \tag{40}$$

Für Plexiglas gelten die folgenden Daten:

$\rho_p = 1,19 \cdot 10^3$ kg m^{-3}

$c_p = 0,35$ Kcal kg^{-1} °C^{-1}

$\lambda = 0,18$ Kcal m^{-1} h^{-1} °C^{-1}

Für Absorber mit 4 mm Durchmesser folgt aus diesen Daten und Gl.(40) eine Zeitkonstante $\tau = 2,2$ s. Da bei porösen Absorbern zu erwarten ist, daß das Verhältnis zwischen Dichte ρ_p und Wärmeleitzahl λ nur wenig von der Porosität abhängt, ist für Plexiglasabsorber mit 4 mm Durchmesser unabhängig von der Porosität eine Zeitkonstante von 2,2 s zu erwarten, wenn man von der Wärmeleitung durch eingebettete Thermoelemente absieht. Wegen der quadratischen Abhängigkeit der Zeitkonstanten vom Durchmesser der einzelnen Absorberkugeln führt eine Durchmesservergrößerung über 4 mm hinaus schnell zu einer Trägheit der Anzeige, die die praktische Anwendbarkeit der Integralsonde als Meßgerät stark beeinträchtigen würde.

Die Absorptionsleistung in den Absorberkugeln der Integralsonde wird der auf die Integralsonde auftreffenden Ultraschall-Leistung entzogen.

Diese Ultraschall-Leistung W_U ergibt sich aus der Querschnittsfläche der Integralsonde mit Durchmesser D und aus der Ultraschallintensität J gemäß Gl.(41).

$$W_U = J \frac{\pi}{4} D^2 \qquad (41)$$

Die Intensität J wird durch die Dichte ρ, die Schallgeschwindigkeit c und den räumlichen und zeitlichen Effektivwert P_{eff} des Schallwechseldruckes in der Flüssigkeit gemäß Gl.(42) bestimmt.

$$J = \frac{P_{eff}^2}{\rho c} \qquad (42)$$

Die Absorptionsleistung W_A in jeder einzelnen Absorberkugel gemäß Gl.(39) kann durch Benutzung von Gl.(36) für die Temperaturüberhöhung $T(0) = T_o$ im Kugelzentrum durch Gl.(43) ausgedrückt werden.

$$W_A = 8\pi\lambda T_o R \qquad (43)$$

Die Gesamtabsorptionsleistung W_I einer Integralsonde als Summe der Absorptionsleistungen W_A der Einzelabsorber kann bei gleichartigen Einzelabsorbern aus der Summe der einzelnen Temperaturüberhöhungen T_o durch Messen der Ausgangsspannung U_A der Integralsonde unter Berücksichtigung des Thermospannungskoeffizienten k_T der benutzten Thermoelemente gemäß Gl.(44) bestimmt werden.

$$W_I = 8\pi\lambda R \frac{U_A}{k_T} \qquad (44)$$

Aus dem Verhältnis der Gesamtabsorptionsleistung W_I zur auf die Integralsonde auftreffenden Ultraschall-Leistung W_U aus Gl.(41) und (42) ergibt sich der Absorptionsgrad σ in Gl.(45).

$$\sigma = \frac{32\lambda R \rho c U_A}{P_{eff}^2 D^2 k_T} \qquad (45)$$

Legt man für Messungen mit Plexiglasabsorbern und NiCr-Ni Thermoelementen die folgenden Werte zugrunde,:

$\lambda = 0{,}21 \text{ N s}^{-1} \,{}^{\circ}\text{C}^{-1}$

$R = 2 \cdot 10^{-3} \text{ m}$

$D = 3{,}2 \cdot 10^{-2} \text{ m}$

$\rho = 10^3 \text{ kg m}^{-3}$

$c = 1{,}5 \cdot 10^3 \text{ m s}^{-1}$

$k_T = 4 \cdot 10^{-5} \text{ V }{}^{\circ}\text{C}^{-1}$

so folgt aus einer gemessenen Ausgangsspannung $U_A = 6{,}2 \cdot 10^{-4}$ V bei einem gemessenen mittleren effektiven Wechseldruck $P_{eff} = 5{,}9 \cdot 10^4$ N m^{-2} ein Absorptionsgrad $\sigma = 0{,}088$ bei der Ultraschallfrequenz 40 kHz. Berücksichtigt man, daß die Absorptionsleistung dem potentiellen Energiedichteanteil der Schallwellen entzogen wird, so folgt aus diesem Absorptionsgrad eine Verringerung des Schallwechseldruckes im Bereich der Integralsonde um 0,85 dB.

Schließlich läßt sich aus diesen Daten die Empfindlichkeit S der Integralsonde bei 20 °C und 40 kHz in Wasser gemäß Gl.(46) bestimmen.

$$S = \frac{U_A \rho c^2}{P_{eff}^2} \tag{46}$$

Die Empfindlichkeit der Integralsonde beträgt in diesem Fall 400 µV pro N m^{-2}.

3.4 Versuchsaufbau

Für die Untersuchungen an Integralsonden wurde der in Abb. 13 gezeigte Meßplatz aufgebaut, der aus den folgenden Komponenten besteht:

1) Ultraschallgeneratoren und Schwingwannen für 20 und 40 kHz mit Temperaturregelung durch einen Thermostaten, an dessen Flüssigkeitskreislauf die Schwingwannen angeschlossen sind. Außer einer guten Temperaturkonstanz wird durch die mit dem

Flüssigkeitskreislauf verbundene intensive Luftdurchmischung eine für die Kavitation wichtige, konstante Gasbeladung erzielt.

2) Ein Gleichspannungs-Meßgerät, mit dessen Hilfe die kleinen Thermospannungen, die in den Meßabsorbern der Integralsonde erzeugt werden, auf zur elektronischen Weiterverarbeitung geeignete höhere Spannungspegel verstärkt werden.

3) Ein Effektivwert-Voltmeter, das die Ausgangssignale eines piezoelektrischen Schalldruckaufnehmers zu einer Gleichspannung verarbeitet, die der Wurzel aus dem quadratischen Mittelwert des Ausgangssignales proportional ist.

4) Zwei elektronische Logarithmierer, deren Ausgangsspannung logarithmisch von der Eingangsspannung abhängt. Die Ausgangsspannungen des Effektivwert-Voltmeters und des Gleichspannungs-Meßgerätes werden von diesen Logarithmierern in einem weiten Spannungsbereich verarbeitet.

5) Ein Zweikanal-Spannungsbegrenzer, der die bei sehr kleinen Eingangsspannungen am Logarithmierer auftretenden extremen Ausgangsspannungen auf einstellbare Schwellwerte begrenzt, die zum Schutz des nachgeschalteten X-Y-Schreibers vor Überlastung und extremen Ausschlägen erforderlich sind.

6) Ein X-Y-Schreiber zur Aufzeichnung des Zusammenhanges zwischen den Ausgangsspannungen der beiden Logarithmierer.

3.5 Durchgeführte Meßprogramme

An Integralsonden interessiert in erster Linie der Zusammenhang zwischen Ultraschall-Energiedichte in der Flüssigkeit und Ausgangsspannung der Sonde. Dieser Zusammenhang ist nicht nur in seiner Abhängigkeit von der Flüssigkeitstemperatur sondern auch in seiner Frequenzabhängigkeit, insbesondere bei den technisch wichtigen Frequenzen 20 und 40 kHz, von besonderem Interesse,

da die praktische Anwendbarkeit von Integralsonden als Meßgeräte
für Ultraschall-Energiedichte in Flüssigkeiten hiervon abhängt.

Für die konstruktive Gestaltung von Integralsonden ist die Frage
von Bedeutung, ob der für die Absorberkugeln gewählte Durchmesser noch zur Steigerung der Empfindlichkeit des Meßverfahrens
vergrößert werden kann, obwohl die gemäß Gl.(40) vom Durchmesser
der Absorberkugeln abhängige Trägheit, mit der die Ausgangsspannung der Sonde zeitlichen Änderungen der Energiedichte folgt,
die praktische Anwendbarkeit von Integralsonden beeinträchtigen
kann. Schließlich ist die zeitliche Konstanz der Empfindlichkeit
und die reproduzierbare Herstellbarkeit der Absorberkugeln von
ausschlaggebender Bedeutung für die praktische Anwendbarkeit
von Integralsonden.

Zur Klärung dieser Gesichtspunkte wurden folgende Meßprogramme
durchgeführt:

1) Messung des Zusammenhanges zwischen Ultraschall-Energiedichte
   und Ausgangsspannung der Integralsonde in einem möglichst
   großen Energiedichtebereich bei 20 und 40 kHz.

2) Messung der Temperaturabhängigkeit der Empfindlichkeit bei
   technisch üblichen Ultraschall-Energiedichten.

3) Messung der zeitlichen Sprungantwort der Sonde zur Bestimmung
   der Zeitkonstanten.

4) Messung der Zeitabhängigkeit der Empfindlichkeit im Hinblick
   auf zusätzliche Anfangsabsorption durch oberflächengebundene
   Gasschichten.

5) Untersuchung der Langzeitkonstanz und der Reproduzierbarkeit.

3.6 Ausführung der Messungen

Zur Bestimmung des Zusammenhanges zwischen Ultraschall-Energiedichte E_d in der Flüssigkeit und Ausgangsspannung der Sonde U_A wurde ein piezoelektrischer Schalldruckaufnehmer benutzt, der die Bezugsgröße zur Ultraschall-Energiedichte lieferte. Da der potentielle Anteil der Energiedichte E_d proportional zum Quadrat des Schalldruckes P ist und da bei dem im Verhältnis zur akustischen Wellenlänge sehr kleinen piezoelektrischen Schalldruckaufnehmer die Ausgangsspannung U_p proportional zum Schalldruck P ist, ist das Quadrat der Ausgangsspannung U_p proportional zur Energiedichte E_d.

Wenn die Absorption der Integralsonde proportional zur Energiedichte ist, so ergibt sich wegen der Proportionalität der Temperaturerhöhung in den Absorberkörpern ein proportionaler Zusammenhang zwischen der Ausgangsspannung U_A der Integralsonde und dem zeitlichen und räumlichen Mittelwert der Energiedichte E_d. Das führt zu einem proportionalen Zusammenhang zwischen der Ausgangsspannung U_A und dem zeitlichen Mittelwert des Quadrates der Ausgangsspannung U_p, d.h. zu einem quadratischen Zusammenhang mit der Ausgangsspannung $U_{p_{eff}}$ eines Effektivwert-Voltmeters für U_p.

Da die Spannungen U_A und $U_{p_{eff}}$ die bei Messungen in starken Schallfeldern unvermeidlichen starken Schwankungen zeigen, die zum Teil auf Schwankungen der Kavitation, zum Teil beim piezoelektrischen Schalldruckaufnehmer auch auf räumliche Lageschwankungen von Schalldruckbäuchen und -knoten zurückzuführen sind, lassen sich Abweichungen vom im Idealfall quadratischen Zusammenhang nur schwer auswerten.

Bei einer Logarithmierung beider Spannungen ergibt sich dagegen im Idealfall ein linearer Zusammenhang, dessen Auswertbarkeit durch überlagerte Schwankungen kaum gestört wird, wenn die Ausgangsspannung des piezoelektrischen Schalldruckaufnehmers mit der Zeitkonstanten τ der Integralsonde geglättet wird. Abweichungen vom idealen Zusammenhang lassen sich in dieser doppellogarithmischen Darstellung der Versuchsergebnisse direkt hinsichtlich ihrer relativen Größe beurteilen und z.B. als Meßfehler in dB ablesen.

Die Frequenzabhängigkeit der Ultraschallabsorption in Meßabsorbern führt dazu, daß die Ausgangsspannung U_A der Integralsonde bei gegebener Energiedichte E_d von der Frequenz f abhängt. Diese Frequenzabhängigkeit wird bei Plexiglas für Frequenzen bis über 100 kHz in verschiedenen Veröffentlichungen [5], [6] als ungefähr proportional zur Frequenz, in anderen Veröffentlichungen [7], [8] als ungefähr proportional zum Quadrat der Frequenz angegeben.

Da die Messungen mit der Integralsonde bei 20 und 40 kHz eine quadratische Frequenzabhängigkeit der Absorption in geschäumten Plexiglasabsorbern bestätigen, läßt sich in diesem Frequenzbereich die Absorption in Absorbern, die klein im Vergleich zur Schallwellenlänge sind, näherungsweise als Absorption in einem viskosen Medium mit frequenzunabhängiger Viskosität beschreiben.

Eine quadratische Frequenzabhängigkeit des Verhältnisses zwischen Absorption und Quadrat des Schalldruckes P ergibt einen frequenzunabhängigen Zusammenhang zwischen Absorption und Quadrat der ersten Zeitableitung des Schalldruckes P.

Diese erste Zeitableitung des Schalldruckes P kann durch Differenzieren der Ausgangsspannung U_p oder durch Messung des Ausgangskurzschlußstromes I_p des piezoelektrischen Schalldruckaufnehmers gewonnen werden. Bei doppellogarithmischer Darstellung des Zusammenhanges zwischen Ausgangsspannung U_A der Integralsonde und Effektivwert des Ausgangskurzschlußstromes $I_{p_{eff}}$ des piezoelektrischen Schalldruckaufnehmers ergibt sich dann im Idealfall frequenzunabhängig der gleiche lineare Zusammenhang, wenn bei gegebener Frequenz f die Ausgangsspannung U_A proportional der Energiedichte E_d ist und wenn bei gegebener Energiedichte E_d die Ausgangsspannung U_A proportional dem Quadrat der Frequenz f ist.

Die Meßergebnisse über den Zusammenhang zwischen Ausgangsspannung der Integralsonde und Energiedichte werden aus diesen Gründen in den Abb. 14 bis 20 in doppellogarithmischer Darstellung als Zusammenhang zwischen U_A und $I_{P_{eff}}$ gezeigt.

3.7 Meßergebnisse

Die Abb. 14 bis 20 zeigen typische Meßergebnisse für den Zusammenhang zwischen Energiedichte ($\sim I_{P_{eff}}^2$) und Ausgangsspannung U_A der Integralsonde für 20 und 40 kHz bei verschiedenen Wassertemperaturen.

Bei allen Temperaturen liegen die Meßkurven nicht auf der gleichen Geraden, sondern sind gegenseitig um ca. 1 bis 2 dB verschoben. Diese Verschiebung läßt sich mit der quadratischen Frequenzabhängigkeit der Absorption in Einklang bringen, wenn man beachtet, daß der piezoelektrische Schalldruckaufnehmer bei den Messungen zwischen den Absorbern der Integralsonde steckte, die gemäß Abschnitt 3.3 bei 40 kHz den Schallwechseldruck in ihrer Nähe um ca. 1 dB reduziert. Unter Berücksichtigung dieses Effektes ergibt sich mit einer Unsicherheit von 1 dB unabhängig von Temperatur und Energiedichte eine streng quadratische Frequenzabhängigkeit der Empfindlichkeit der Integralsonde im untersuchten Frequenzgebiet.

Da in starken Ultraschallfeldern bedingt durch nichtlineare Verzerrungen und Kavitation neben der Grundfrequenz auch andere Schwingungsfrequenzen auftreten, folgt aus dem quadratischen Frequenzgang der Integralsonde, daß die Integralsonden-Ausgangsspannung U_A der mit dem Frequenzquadrat gewichteten Summe der einzelnen Energiedichteanteile zu diesen Frequenzen entspricht. Da der effektive Piezosondenstrom in den Abb. 14 bis 20 die gleiche Gewichtung enthält, bedeutet die Steigung 1 in der Darstellung der Abhängigkeit der Integralsondenspannung U_A von $I_{P_{eff}}$ eine strenge Proportionalität zwischen U_A und Energiedichte E_d. Dieser ideale Zusammenhang kann in vielen Fällen, beispielsweise in den Abb. 14 für 20 und 40 kHz, in Abb. 15 für 40 kHz, in Abb. 19 für 50 °C und 70 °C und in Abb. 20 für alle Temperaturen außer 80 °C beobachtet werden. Andere Messungen, z.B. in Abb. 17

zeigen bei kleinen Ultraschallenergiedichten Abweichungen bis zu mehreren dB vom idealen Zusammenhang.

Da die Abweichungen bei kleinen Energiedichten nur bei einem Teil der Messungen auftreten und mit zunehmender Energiedichte verschwinden, liegt die Erklärung dieser Abweichungen in der Störung des Wärmeabflusses von den Einzelabsorbern der Integralsonde, wenn wegen zufällig fehlender Konvektionsströmungen die Wärmeleitfähigkeit der Flüssigkeit im Gegensatz zu der Annahme in Abschnitt 3.3 nicht groß im Vergleich zur Wärmeleitfähigkeit des Absorbermaterials ist. Der Einfluß von Konvektionsströmungen auf die Genauigkeit der Energiedichtemessung mit Integralsonden führt zu der einschränkenden Aussage, daß die Ausgangsspannung U_A der Integralsonde nur dann mit Sicherheit der gewichteten Energiedichte streng proportional ist, wenn durch Flüssigkeitsströmung eine hinreichende Wärmeabfuhr von den Einzelabsorbern gewährleistet ist. Diese Flüssigkeitsströmung kann durch langsames Bewegen der Integralsonde oder durch Strahlungsdruck in starken Schallfeldern erzeugt werden.

In den Abb. 19 und 20 ist die Temperaturabhängigkeit der Anzeige der Integralsonde bei 20 und bei 40 kHz dargestellt. Zwischen 30 °C und 70 °C stimmen die Anzeigen bei beiden Frequenzen auf ± 0,5 dB überein, während bei 10 °C eine Verringerung und bei 80 - 90 °C eine Vergrößerung der Empfindlichkeit um ca. 1,5 dB zu beobachten ist.

Abb. 21 zeigt die Sprungantwort der Integralsonde auf einen 10 s dauernden Schallimpuls, aus der die Zeitkonstante τ wegen der logarithmischen Darstellung der Ausgangsspannung U_A der Integralsonde direkt aus der Steigung des abklingenden Spannungsverlaufes entnommen werden kann. Sie beträgt in genauer Übereinstimmung mit dem aus Gl.(40) berechneten Wert 2,2 s. Diese Übereinstimmung zeigt, daß der Einfluß der eingebetteten Thermoelemente auf die Wärmeleitung in den Absorberkugeln vernachlässigt werden kann.

Die bei den Messungen an Einzelabsorbern im Hallraum nachgewiesenen Anfangsabsorptionen durch oberflächengebundene Gasschichten

konnten in den wesentlich stärkeren Ultraschallfeldern, in denen
die Integralsonde bestimmungsgemäß eingesetzt wird, auch dann
nicht beobachtet werden, wenn die Integralsonde nach Ofentrocknung plötzlich in die Flüssigkeit eingetaucht wurde. Nur an
einer mit neuen Absorberkugeln bestückten Integralsonde trat
beim ersten Eintauchen eine Anzeigeüberhöhung um ca. 3 dB auf,
die jedoch mit einer Zeitkonstanten von ca. 10 s verschwand und
bei späteren Versuchen nicht wieder beobachtet werden konnte.
Daß die Reproduzierbarkeit der Anzeige von Integralsonden durch
oberflächengebundene Gasschichten nicht beeinträchtigt wird,
ist offenbar nicht nur auf die beschleunigte Oberflächenbenetzung
in intensiven Schallfeldern sondern auch auf eine benetzungsfördernde Strukturänderung dieser Oberflächen in intensiven Schallfeldern zurückzuführen.

Die Langzeitkonstanz wurde durch Vergleich einer zwei Jahre
alten mit einer neu hergestellten Integralsonde ermittelt. Die
Empfindlichkeiten der beiden Integralsonden unterschieden sich
um 0,6 dB und in einem Zeitraum von weiteren 4 Monaten konnte
keine Änderung des Empfindlichkeitsunterschieds nachgewiesen
werden.

Dieser Versuch gibt gleichzeitig Aufschluß über die vom Herstellungsverfahren abhängige Reproduzierbarkeit der Empfindlichkeit von Integralsonden. Bei Vergleichsmessungen mit fünf gleichzeitig hergestellten Integralsonden unterschieden sich die Empfindlichkeiten um maximal 1,5 dB.

4. Zusammenfassung

Für die Meßtechnik zum integralen Messen der Energiedichte in stehenden Ultraschall-Wellenfeldern werden in der vorliegenden Arbeit die erforderlichen und grundlegenden Werkstoffuntersuchungen durchgeführt.

In Untersuchungen verschiedenster Einzelabsorber im Hallraum und in Messungen an Integralsonden wird Plexiglas als der geeignetste Absorberwerkstoff für Meßabsorber bestätigt. Die Messungen zeigen, daß poröse Absorber wegen ihres höheren Dissipationsvermögens im Vergleich zu massiven Absorbern besser für meßtechnische Anwendungen geeignet sind. Aus den Messungen und Berechnungen ergibt sich, daß Integralsonden für den praktischen Einsatz als Ultraschall-Energiedichte-Meßgeräte optimal ausgelegt sind, wenn der Durchmesser der porösen Absorberkörper ca. 4 mm beträgt. Die experimentell nachgewiesene quadratische Frequenzabhängigkeit der Anzeige führt zu einer entsprechenden Gewichtung in der Anzeige der Energiedichte verschiedener Frequenzanteile des Ultraschallfeldes. Bei gegebener Ultraschallfrequenz ist die Ausgangsspannung der Integralsonde in einem weiten Bereich der Energiedichte proportional, wenn Störungen der Meßgenauigkeit durch Wärmestau in der Flüssigkeit insbesondere bei kleinen Energiedichten vermieden werden; im Hallraum an Einzelabsorbern beobachtbare Störungen durch oberflächengebundene Gasschichten wirken sich in stärkeren Ultraschallfeldern nicht aus. Zwischen 30 und 70 °C kann die Temperaturabhängigkeit der Empfindlichkeit von Integralsonden vernachlässigt werden, zwischen 10 und 80 °C können temperaturabhängige Abweichungen bis ca. 1,5 dB auftreten. Die Langzeitkonstanz und die Reproduzierbarkeit der Empfindlichkeit wurde durch Vergleichsmessungen bestätigt.

5. Literaturverzeichnis

[1] R. Pohlman   Probleme der Ultraschallübertragung an Grenzflächen
Acustica 10(1960), S.217-229

[2] E. Meyer, E.G. Neumann   Physikalische und Technische Akustik
Vieweg & Sohn, Braunschweig, 1967

[3] C.J. Moen   Ultrasonic Absorption in Liquids
JASA 23(1951)1, S.62-70

[4] J. Herbertz, R. Pohlman   Neues Energiedichte-Meßgerät für Ultraschall in Flüssigkeiten
VDI-Z. 113(1971)4, S.271-275

[5] P.C. Wuenschel   Dispersive Body Waves - An Experimental Study
Geophysics 30(1965)4, S.539-551

[6] N.F. Jordan   Attenuation and Dispersion of Shear Waves in Plexiglas
Geophysics 31(1966)3, S.622-624

[7] J.S. Rinehart   Temperature Dependence of Young's Modules and Internal Friction of Lucite and Karolith
J.App.Phys. 12(1941)11, S.811-816

[8] M. Auberger, J.S. Rinehart   Ultrasonic Attenuation of Longitudinal Waves in Plastics
J.App.Phys. 32(1961)2, S.219-222

6. Abbildungen

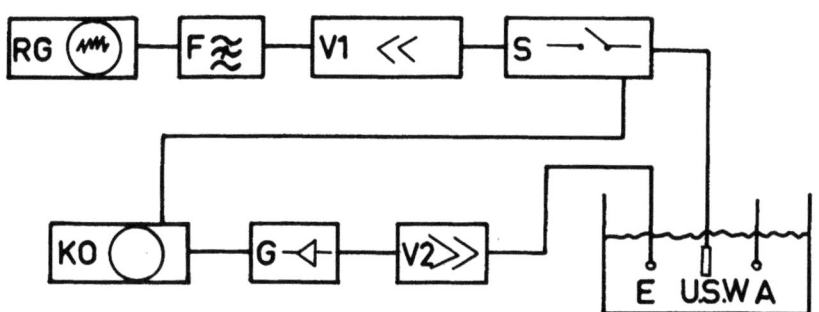

Abb. 1   Schematische Darstellung der Versuchsanordnung

A : Absorber
E : Empfangssonde
F : Bandpaß
G : Gleichrichter mit Tiefpaß
KO: Kathodenstrahloszillograph

RG   : Rauschgenerator
S   : elektronischer Schalter
U.S.W.: Ultraschall-Wandler
V   : Verstärker

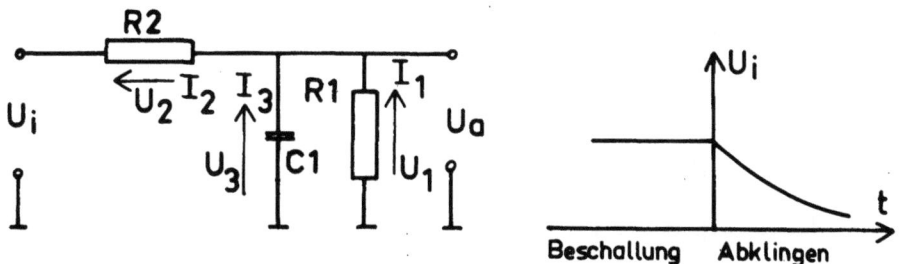

Abb. 2   Tiefpaß und zeitlicher Verlauf seiner Eingangsspannung

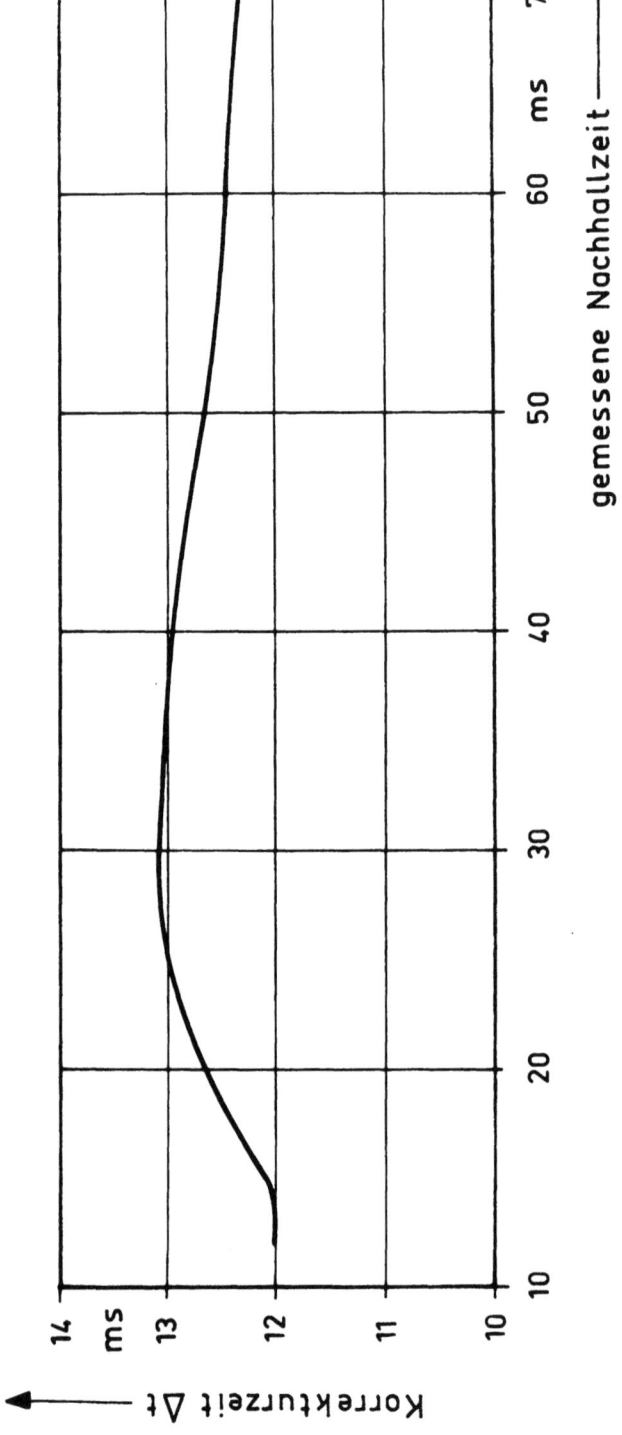

Abb. 3   Korrekturkurve zu den gemessenen Nachhallzeiten

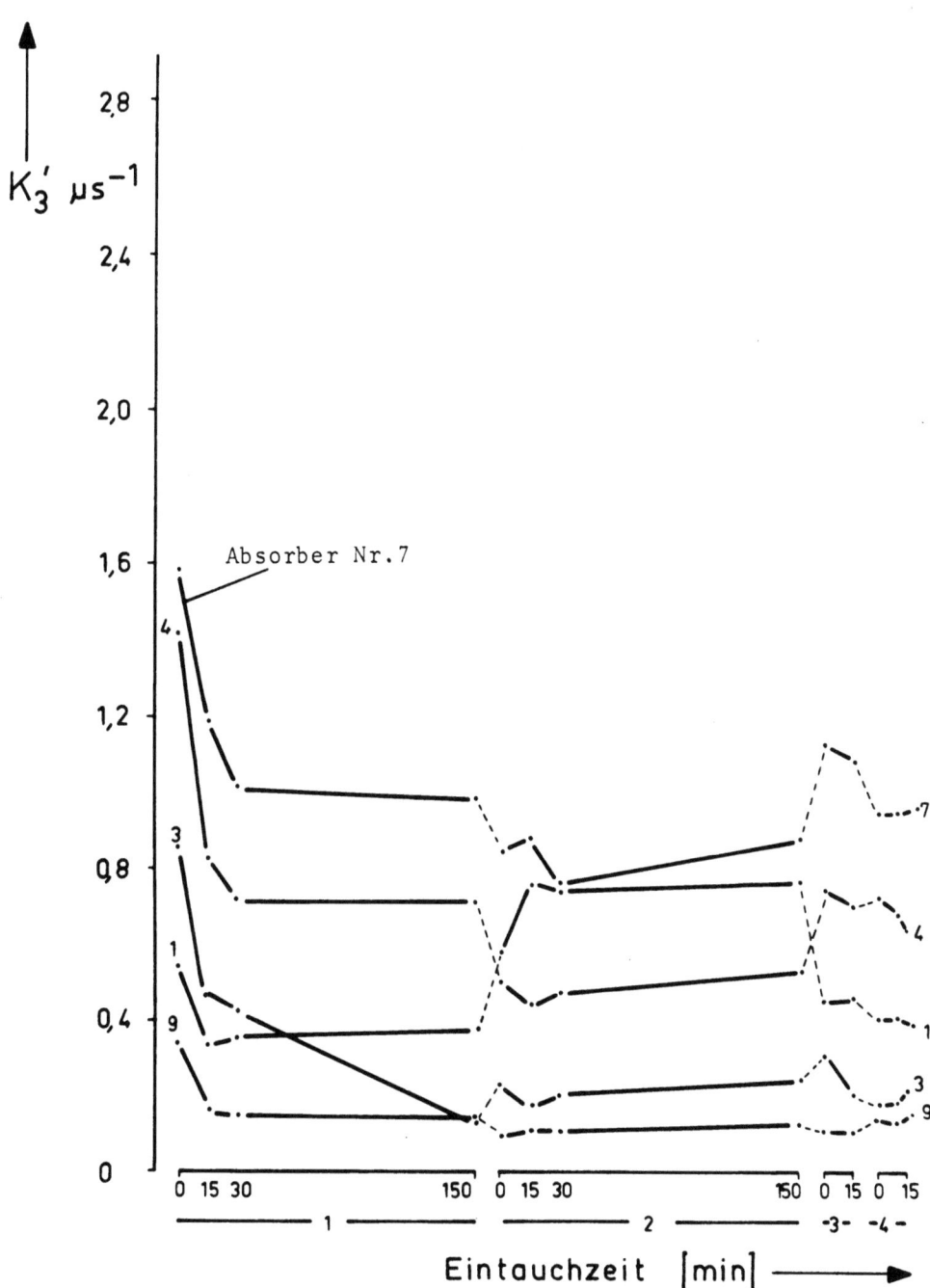

Abb. 4 κ_3' ($\sim$ absorbierte Energie pro Volumen) zu den Versuchsreihen 1 (trocken-), 2a und b (naß-), 3 (benetzt eingetaucht).

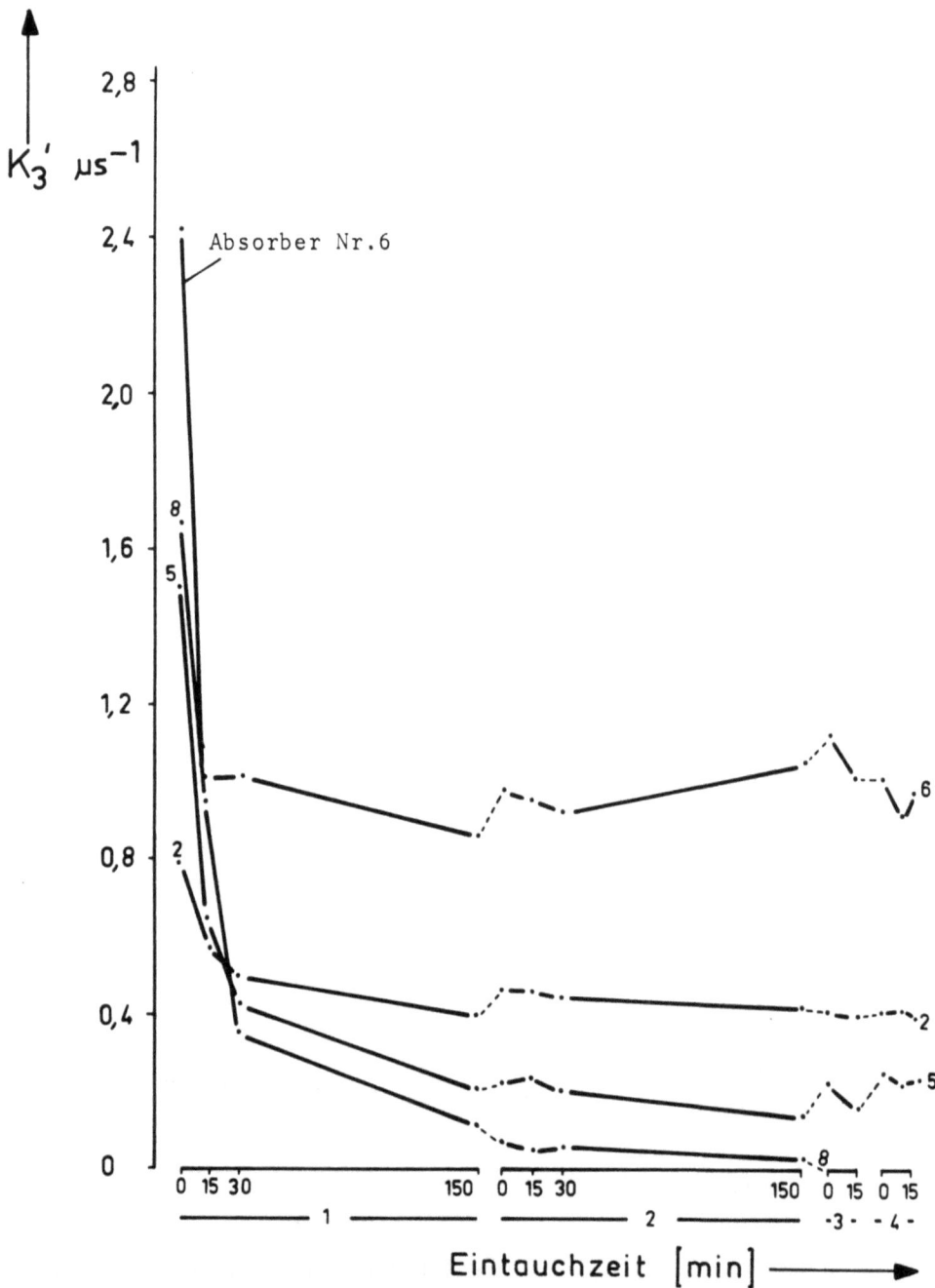

Abb. 5 κ_3' ($\sim$ absorbierte Energie pro Volumen) zu den Versuchsreihen 1 (trocken-), 2a und b (naß-), 3 (benetzt eingetaucht).

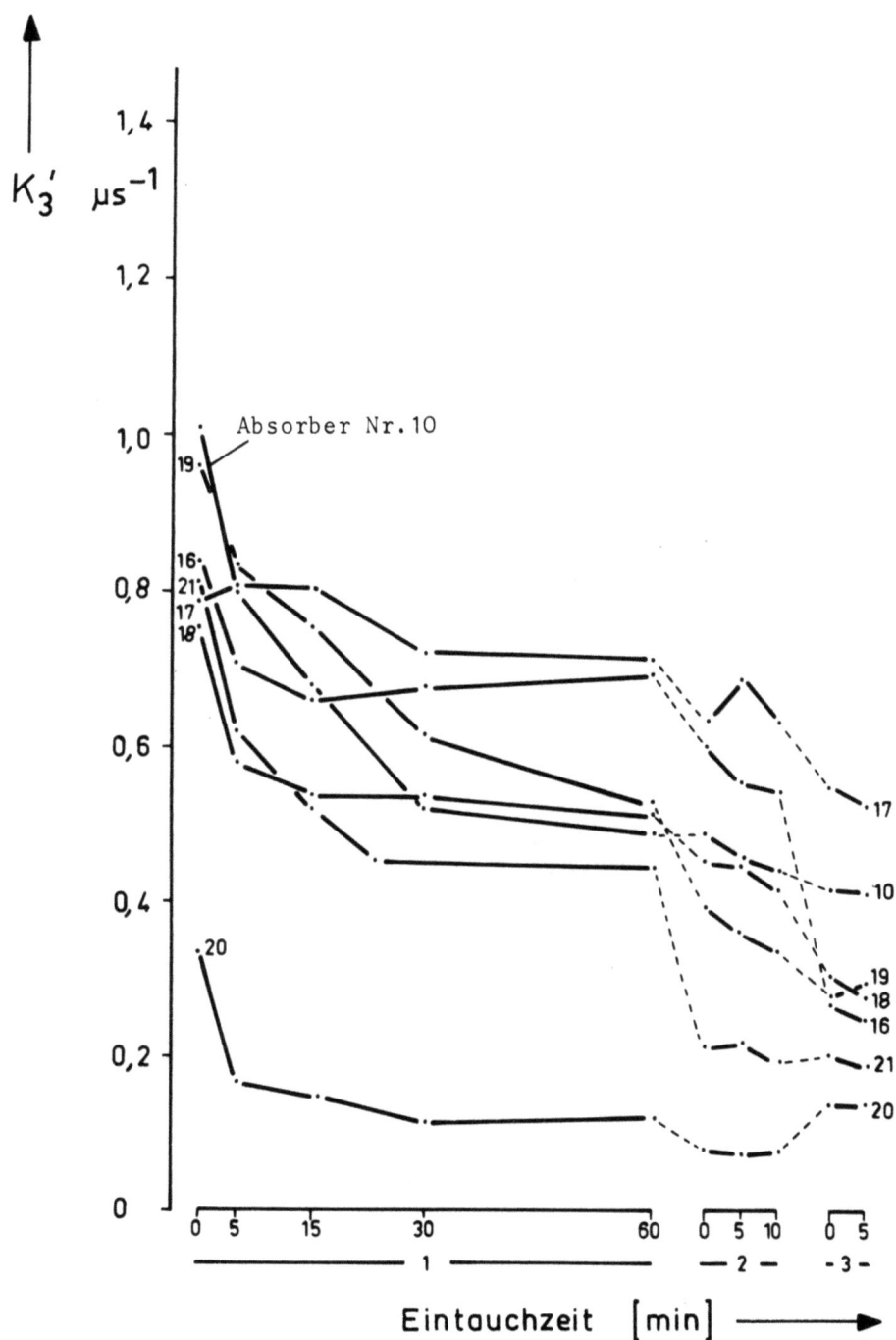

Abb. 6 κ_3' ($\sim$ absorbierte Energie pro Volumen) zu den Versuchsreihen 1 (trocken-), 2 (naß-), 3 benetzt eingetaucht.

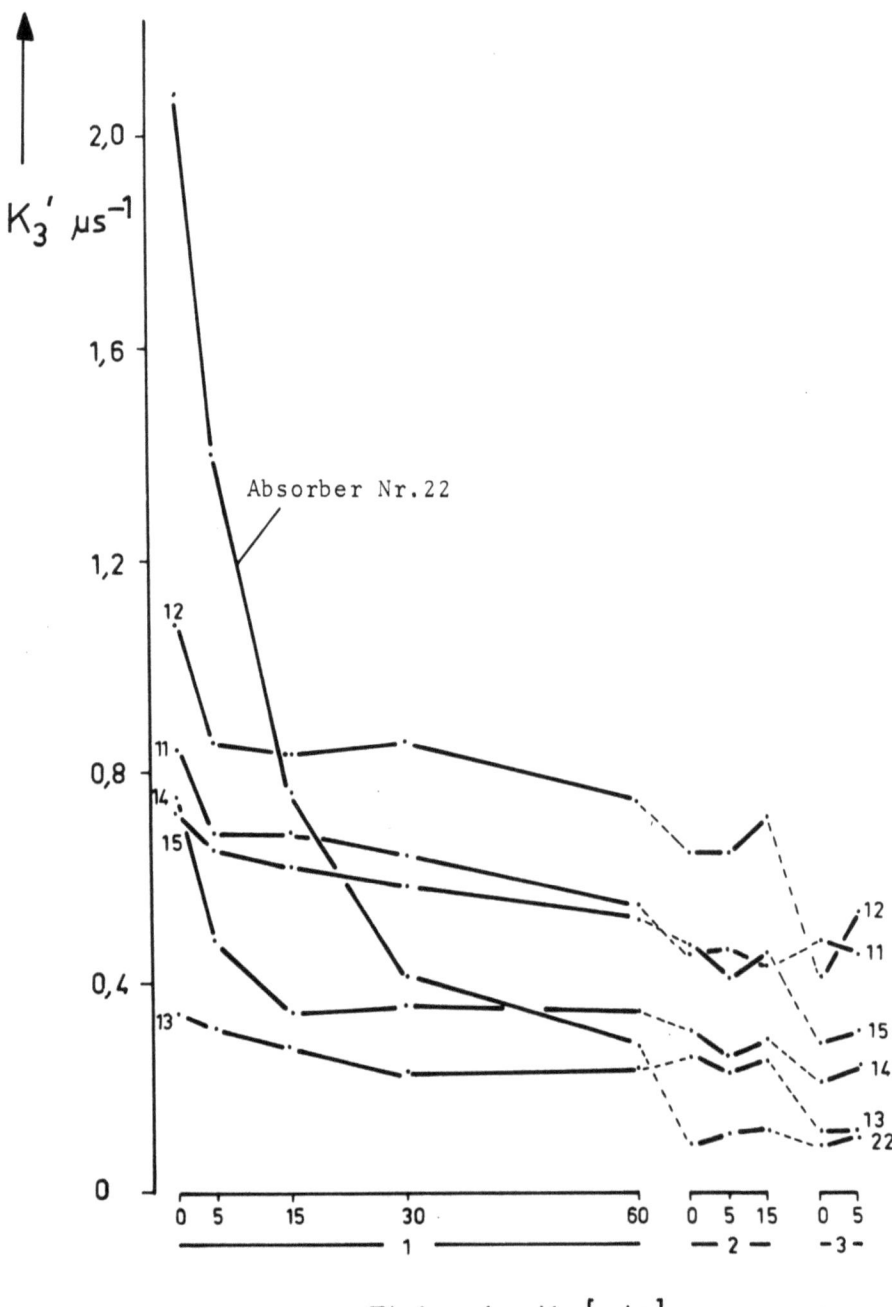

Abb. 7 κ_3' (∼ absorbierte Energie pro Volumen) zu den Versuchsreihen 1 (trocken-), 2 (naß-), 3 (benetzt eingetaucht.

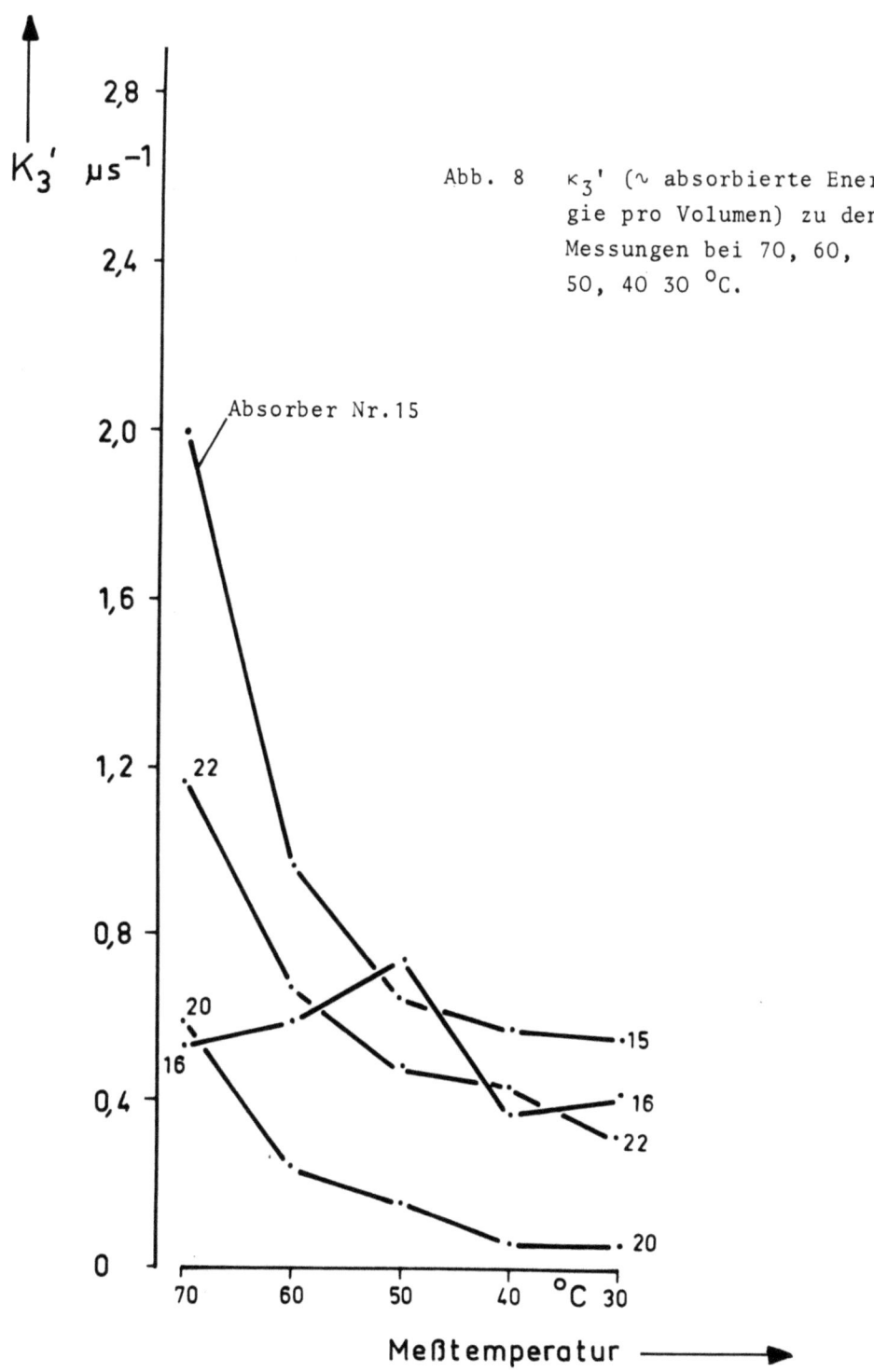

Abb. 8 κ_3' ($\sim$ absorbierte Energie pro Volumen) zu den Messungen bei 70, 60, 50, 40 30 °C.

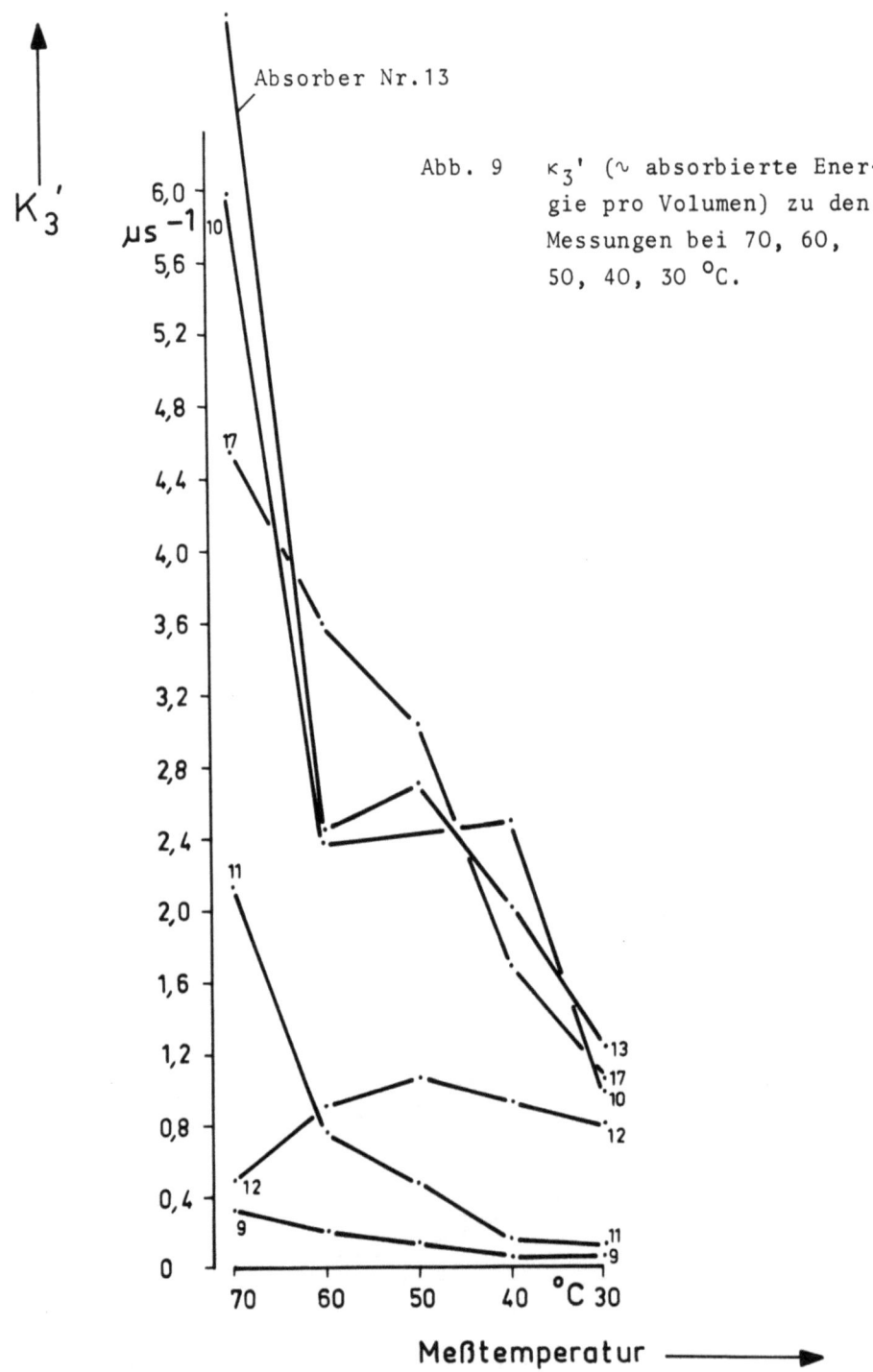

Abb. 9 κ_3' ($\sim$ absorbierte Energie pro Volumen) zu den Messungen bei 70, 60, 50, 40, 30 °C.

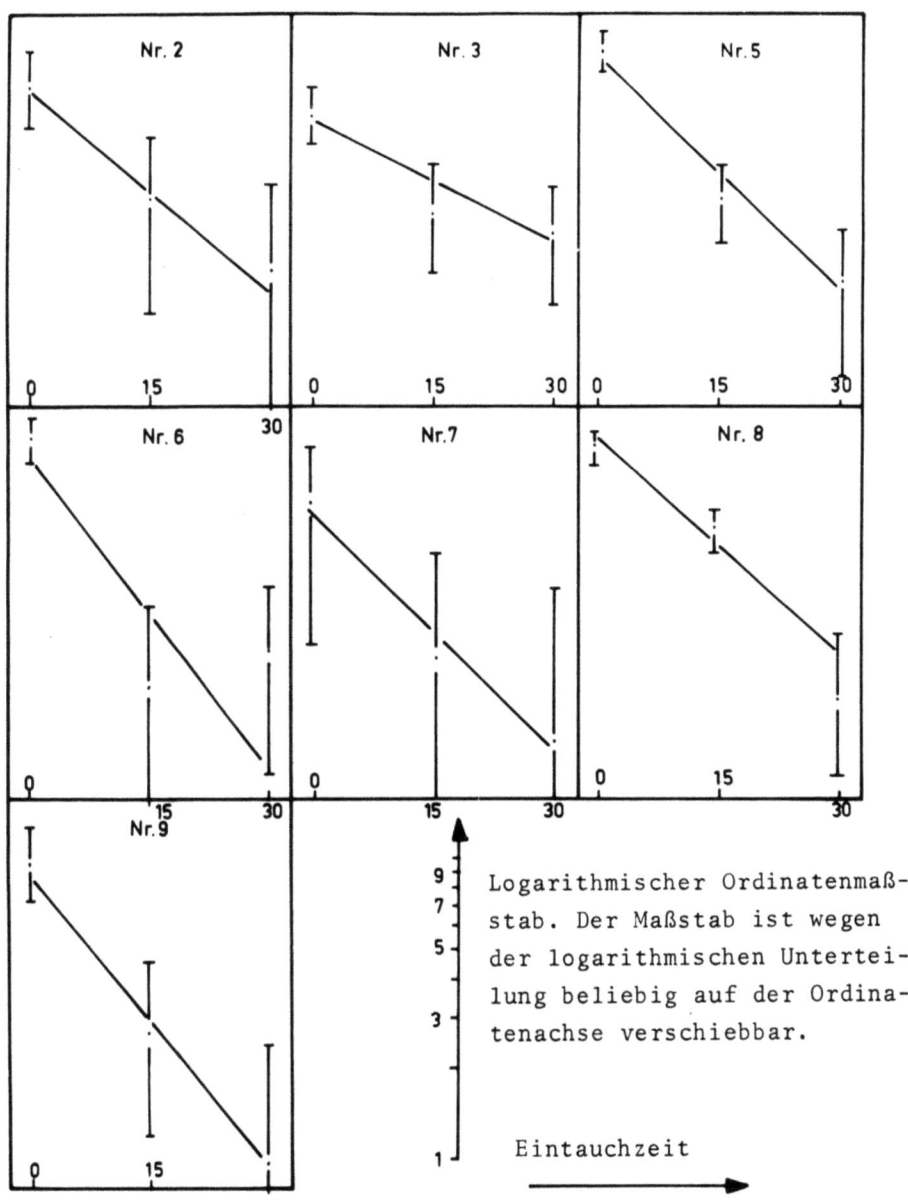

Abb. 10 Logarithmische Auftragung zu Gl.(17):
$\ln(\kappa_3 - G_2) = -\gamma t - \ln G_1$ zur Ermittlung von γ

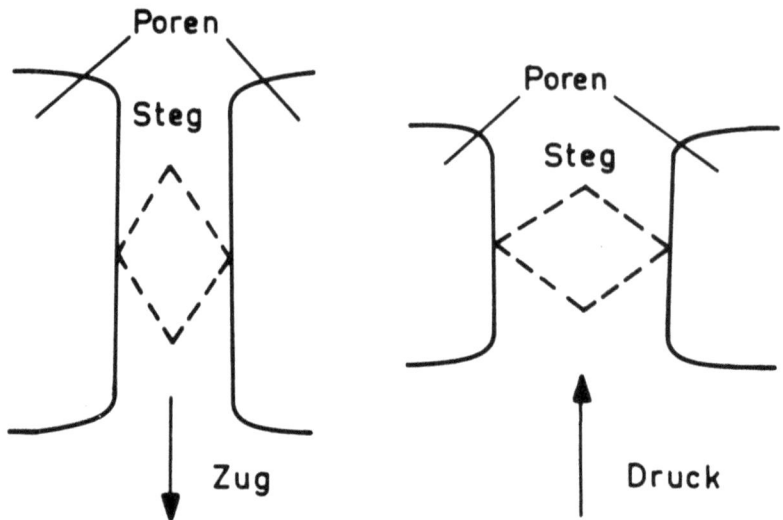

Abb. 11 Scherbewegung im porösen Absorber bei Wechseldruckbelastung.

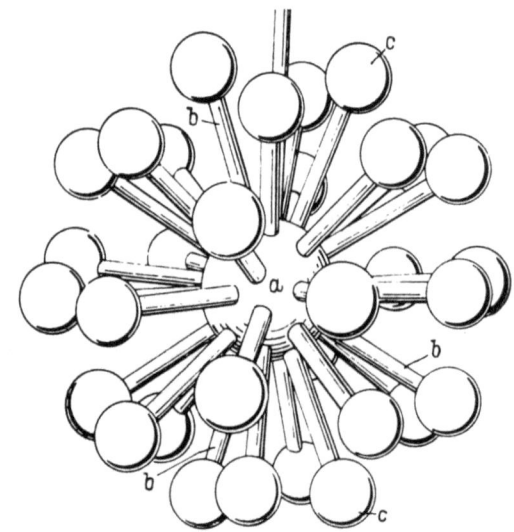

Abb. 12 Integralsonde für das Energiedichte-Meßgerät

    a Zentralkugel, in der sich die Vergleichsstellen befinden
    b Röhrchen
    c Absorberkugeln, in denen sich die Meßstellen befinden

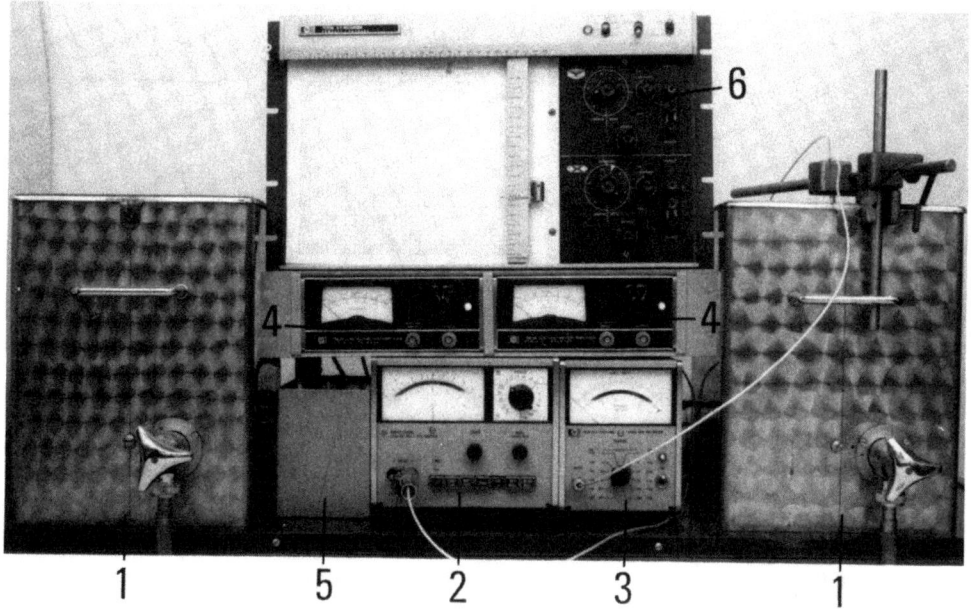

Abb. 13 Meßplatz für die Untersuchungen an Integralsonden.
  1 Schwingwannen   4 Logarithmierer
  2 Gleichspannungs-Meßgerät 5 Spannungsbegrenzer
  3 Effektivwert-Voltmeter   6 X-Y-Schreiber

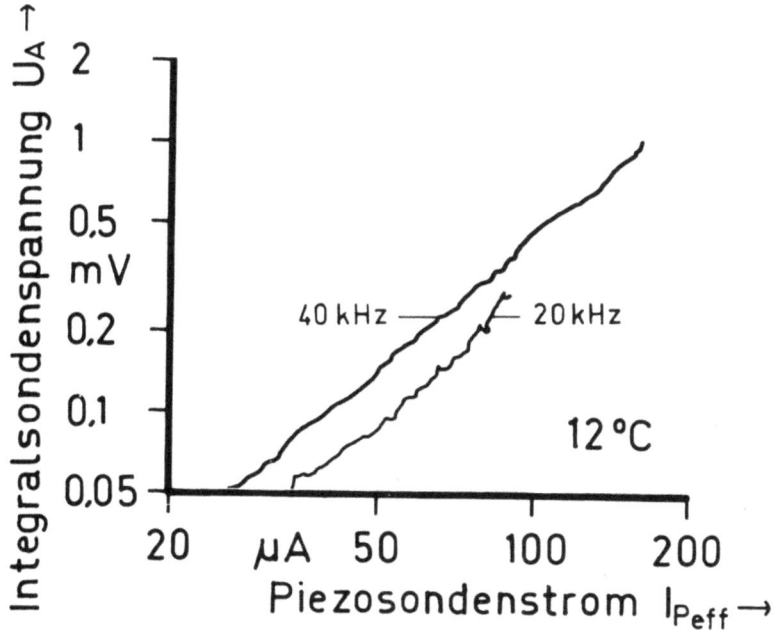

Abb. 14 Abhängigkeit der Anzeige U_A von der Energiedichte ($\sim I_{P_{eff}}^2$) und der Frequenz bei 12 °C in Wasser.

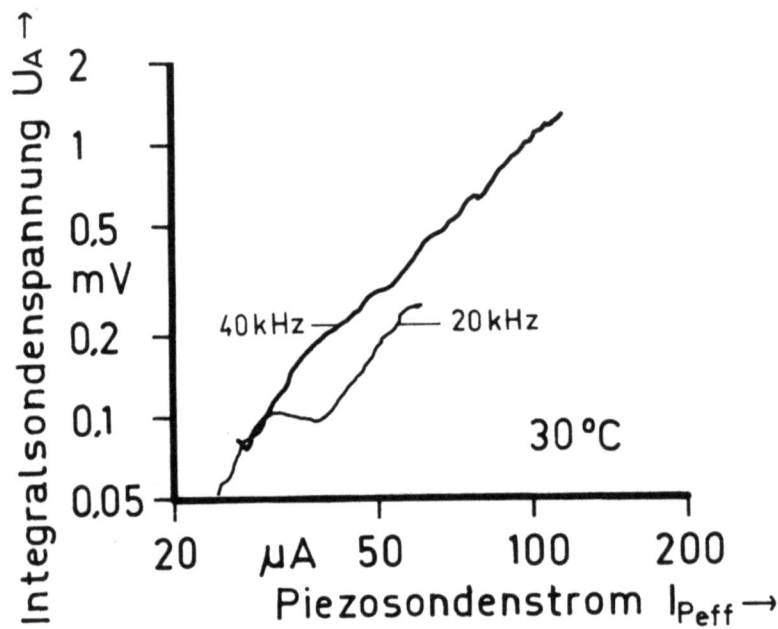

Abb. 15 Abhängigkeit der Anzeige U_A von der Energiedichte ($\sim I^2_{P_{eff}}$) und der Frequenz bei 30 °C in Wasser

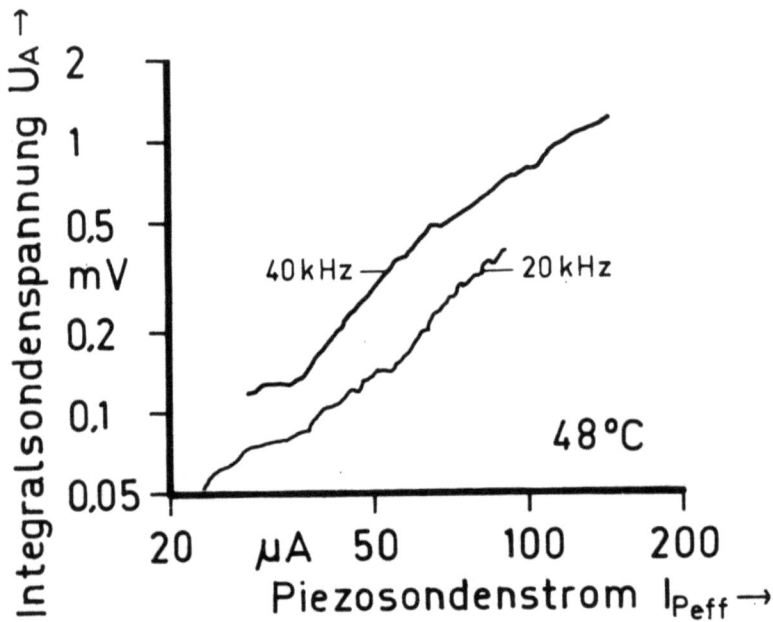

Abb. 16 Abhängigkeit der Anzeige U_A von der Energiedichte ($\sim I^2_{P_{eff}}$) und der Frequenz bei 48 °C in Wasser

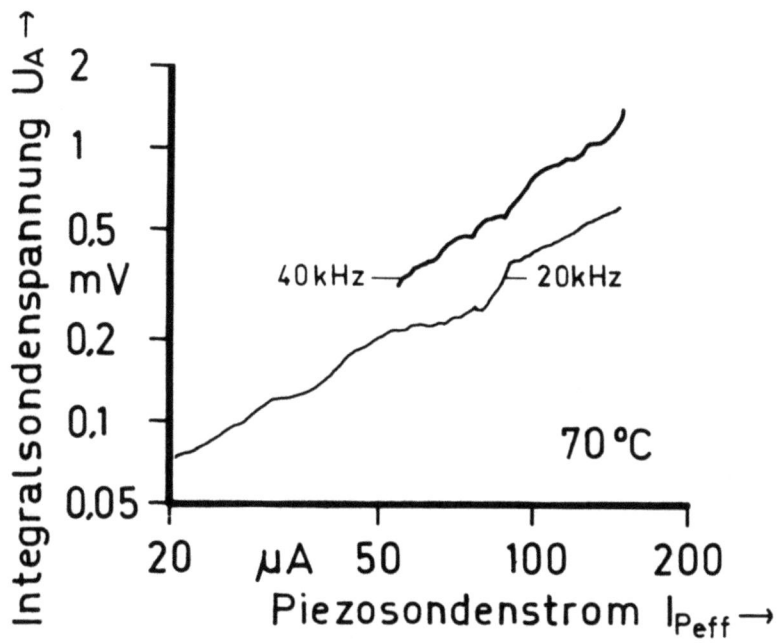

Abb. 17 Abhängigkeit der Anzeige U_A von der Energiedichte ($\sim I^2_{P_{eff}}$) und der Frequenz bei 70 °C in Wasser

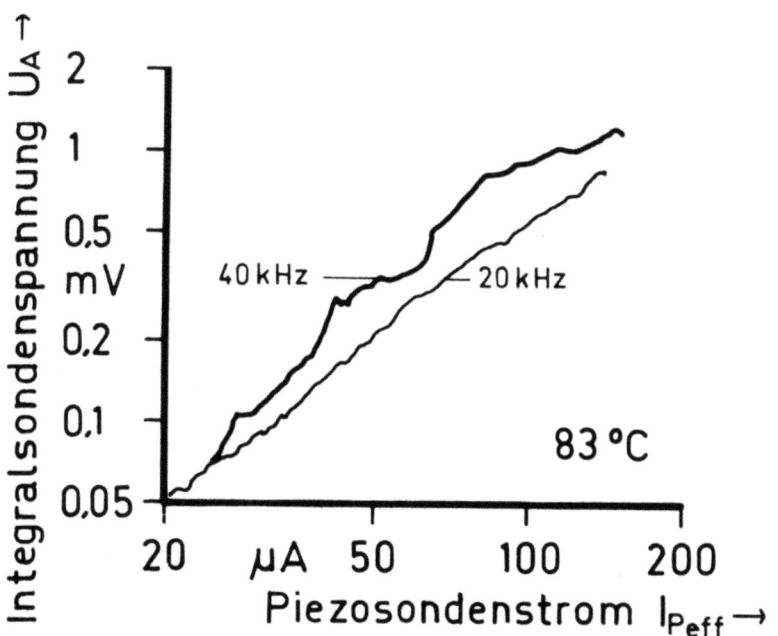

Abb. 18 Abhängigkeit der Anzeige U_A von der Energiedichte ($\sim I^2_{P_{eff}}$) und der Frequenz bei 83 °C in Wasser

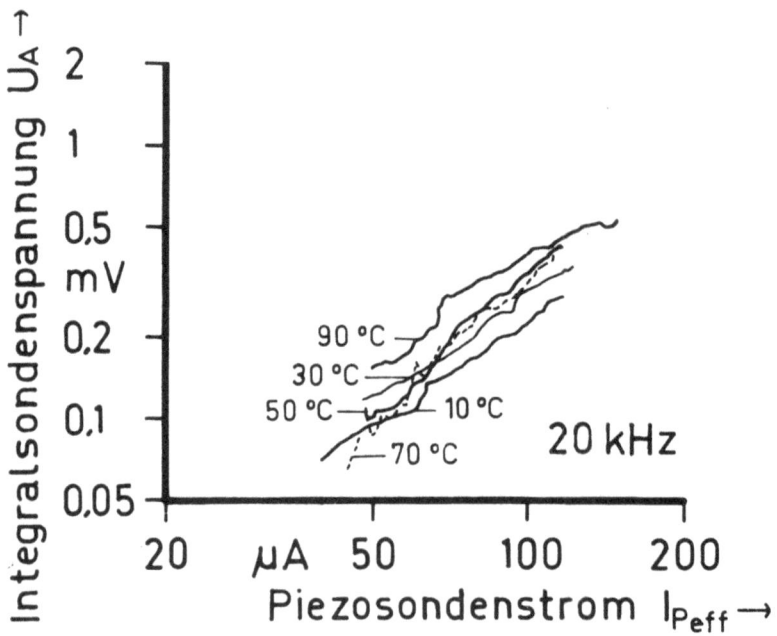

Abb. 19 Abhängigkeit der Anzeige U_A von der Energiedichte ($\sim I_{P_{eff}}^2$) und der Temperatur bei 20 kHz

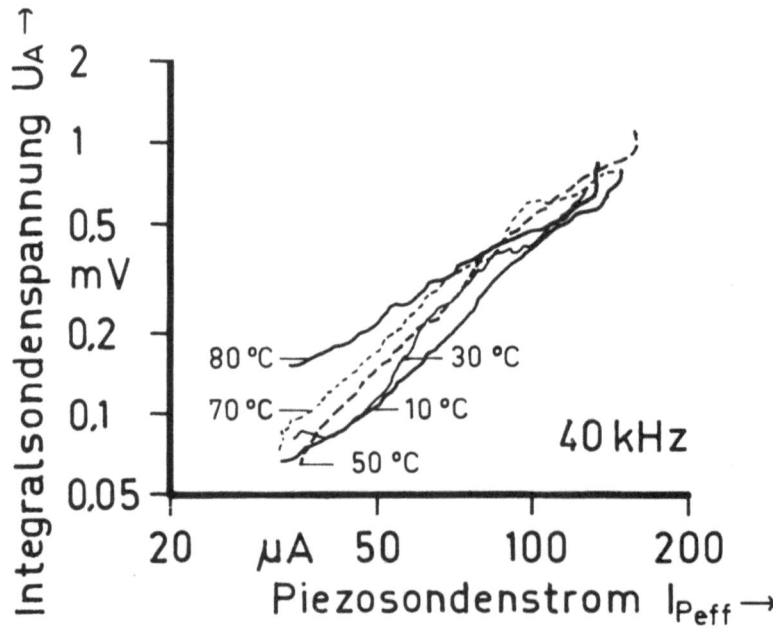

Abb. 20 Abhängigkeit der Anzeige U_A von der Energiedichte ($\sim I_{P_{eff}}^2$) und der Temperatur bei 40 kHz

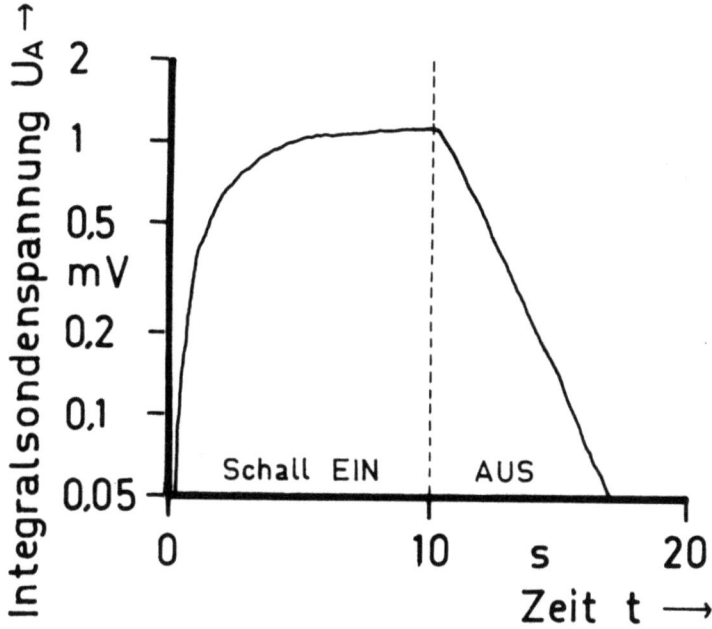

Abb. 21   Sprungantwort der Integralsonde

7. Verzeichnis der verwendeten Formelzeichen

A	Amplitude
C	Kapazität
c	Schallgeschwindigkeit
c_p	spezifische Wärme
D	Durchmesser
E	Energie
E_d	Energiedichte
f	Frequenz
I	Stromstärke
J	Intensität
k_T	Thermospannungskoeffizient
P,p	Schalldruck
Q	volumenbezogene Wärmeleistung
R	Radius
R_1, R_2	Widerstand
r	Abstandsvariable
S	Empfindlichkeit
T	Temperatur
t	Zeit
U	Spannung
V	Volumen
W	Leistung
α, β	Abklingkonstanten
γ	Abklingkonstante der Oberflächenabsorption
κ	Nachhallkonstante
λ	Wärmeleitzahl
ρ	Massedichte
σ	Absorptionsgrad
τ	Zeitkonstante
ω	Kreisfrequenz

Forschungsberichte des Landes Nordrhein-Westfalen

Herausgegeben im Auftrage des Ministerpräsidenten Heinz Kühn
vom Minister für Wissenschaft und Forschung Johannes Rau

Sachgruppenverzeichnis

Acetylen · Schweißtechnik
Acetylene · Welding gracitice
Acétylène · Technique du soudage
Acetileno · Técnica de la soldadura
Ацетилен и техника сварки

Arbeitswissenschaft
Labor science
Science du travail
Trabajo científico
Вопросы трудового процесса

Bau · Steine · Erden
Constructure · Construction material ·
Soilresearch
Construction · Matériaux de construction ·
Recherche souterraine
La construcción · Materiales de construcción ·
Reconocimiento del suelo
Строительство и строительные материалы

Bergbau
Mining
Exploitation des mines
Minería
Горное дело

Biologie
Biology
Biologie
Biologia
Биология

Chemie
Chemistry
Chimie
Quimica
Химия

Druck · Farbe · Papier · Photographie
Printing · Color · Paper · Photography
Imprimerie · Couleur · Papier · Photographie
Artes gráficas · Color · Papel · Fotografía
Типография · Краски · Бумага · Фотография

Eisenverarbeitende Industrie
Metal working industry
Industrie du fer
Industria del hierro
Металлообрабатывающая промышленность

Elektrotechnik · Optik
Electrotechnology · Optics
Electrotechnique · Optique
Electrotécnica · Optica
Электротехника и оптика

Energiewirtschaft
Power economy
Energie
Energía
Энергетическое хозяйство

Fahrzeugbau · Gasmotoren
Vehicle construction · Engines
Construction de véhicules · Moteurs
Construcción de vehículos · Motores
Производство транспортных средств

Fertigung
Fabrication
Fabrication
Fabricación
Производство

Funktechnik · Astronomie
Radio engineering · Astronomy
Radiotechnique · Astronomie
Radiotécnica · Astronomía
Радиотехника и астрономия

Gaswirtschaft
Gas economy
Gaz
Gas
Газовое хозяйство

Holzbearbeitung
Wood working
Travail du bois
Trabajo de la madera
Деревообработка

Hüttenwesen · Werkstoffkunde
Metallurgy · Materials research
Métallurgie · Matériaux
Metalurgia · Materiales
Металлургия и материаловедение

Kunststoffe
Plastics
Plastiques
Plásticos
Пластмассы

Luftfahrt · Flugwissenschaft
Aeronautics · Aviation
Aéronautique · Aviation
Aeronáutica · Aviación
Авиация

Luftreinhaltung
Air-cleaning
Purification de l'air
Purificación del aire
Очищение воздуха

Maschinenbau
Machinery
Construction mécanique
Construcción de máquinas
Машиностроительство

Mathematik
Mathematics
Mathématiques
Matemáticas
Математика

Medizin · Pharmakologie
Medicine · Pharmacology
Médecine · Pharmacologie
Medicina · Farmacología
Медицина и фармакология

NE-Metalle
Non-ferrous metal
Metal non ferreux
Metal no ferroso
Цветные металлы

Physik
Physics
Physique
Física
Физика

Rationalisierung
Rationalizing
Rationalisation
Racionalización
Рационализация

Schall · Ultraschall
Sound · Ultrasonics
Son · Ultra-son
Sonido · Ultrasónico
Звук и ультразвук

Schiffahrt
Navigation
Navigation
Navegación
Судоходство

Textilforschung
Textile research
Textiles
Textil
Вопросы текстильной промышленности

Turbinen
Turbines
Turbines
Turbinas
Турбины

Verkehr
Traffic
Trafic
Tráfico
Транспорт

Wirtschaftswissenschaften
Political economy
Economie politique
Ciencias económicas
Экономические науки

Einzelverzeichnis der Sachgruppen bitte anfordern

Westdeutscher Verlag GmbH
– Auslieferung Opladen –
567 Opladen, Postfach 1620

If you have any concerns about our products,
you can contact us on
ProductSafety@springernature.com

In case Publisher is established outside the EU,
the EU authorized representative is:
**Springer Nature Customer Service Center GmbH
Europaplatz 3, 69115 Heidelberg, Germany**

Printed by Libri Plureos GmbH
in Hamburg, Germany